U1010336

• La psychologie du pouvoir en 60 questions •

权力会让人头昏吗？

关于权力的 60 个心理学问题

【法】洛朗·奥佐 Laurent Auzoult 著

樊薇薇 李舒婕 译

中国青年出版社
CHINA YOUTH PRESS
中青文传媒

卓越教师网

图书在版编目（CIP）数据

权力会让人头昏吗？：关于权力的60个心理学问题 /
（法）奥佐著；樊薇薇，李舒婕译.
—北京：中国青年出版社，2015.10
ISBN 978-7-5153-3778-4
Ⅰ. ①权… Ⅱ. ①奥… ②樊… ③李… Ⅲ. ①权力－心理学 Ⅳ. ①B849
中国版本图书馆CIP数据核字（2015）第198599号

La psychologie du pouvoir en 60 questions by Laurent Auzoult Chagnault
© Dunod, Paris, 2011, 2013.
Simplified Chinese language translation rights arranged through Divas International, Paris www.divas-books.com
Simplified Chinese edition copyright © 2015 by China Youth Press.
All rights reserved.

权力会让人头昏吗？
关于权力的60个心理学问题

卓越教师网

作　　者：〔法〕洛朗·奥佐
译　　者：樊薇薇　李舒婕
策划编辑：朱小兰
责任编辑：朱小兰
美术编辑：夏　蕊
出　　版：中国青年出版社
发　　行：北京中青文文化传媒有限公司
电　　话：010-65511270/65516873
公司网址：www.cyb.com.cn
购书网址：zqwts.tmall.com　www.diyijie.com
制　　作：中青文制作中心
印　　刷：三河市文通印刷包装有限公司
版　　次：2016年1月第1版
印　　次：2016年1月第1次印刷
开　　本：880 × 1230　　1/32
字　　数：100千字
印　　张：6.75
京权图字：01-2014-4987
书　　号：ISBN 978-7-5153-3778-4
定　　价：36.00元

中青版图书，版权所有，盗版必究

版权声明

未经出版人事先书面许可，对本出版物的任何部分不得以任何方式或途径复制或传播，包括但不限于复印、录制、录音，或通过任何数据库、在线信息、数字化产品或可检索的系统。

目 录
CONTENTS

• 献给Delphine，Louise和Jules

前言

权力总是让人如此着迷。人们对它也常有各种各样的偏见。关于这个话题，人们智慧的结晶比如各种名言警句或成语总是很贴近真理的。人们一般怎么看待权力呢？是说它人见人爱，是那些坏人和野心家的交易，还是说它可以保护我们免受暴力侵害？又或者说它是无穷尽的欲望之果，会腐蚀那些拥有它的人并使他们最终走上滥用权力这条不归路？

语言本身就对其描述对象有一种预先的评价。因此，权力常与控制、诱惑、力量、权势以及专制、专横或压迫等这些词联系在一起。

不管是在家庭中、工作中、朋友之间，还是在政治上，权力都无处不在。任何社会都不能逃脱权力的控制。谈及此，我们不得不说它的起源还未知。为什么它总能得到如此密切的关注呢？那是因为要想了解世界这个大舞台及其粉墨登场的角色们，我们就要先了解权力。

正因如此，人文学科才会对这个话题如此感兴趣。这本书要介绍的也正是权力心理学领域目前正在进行的研究。本书可以让您知道，为什么在企业中我们要建立一个庞大的组织结构图，还能让您了解招聘者是否有权力“折磨”您，权力是否会妨碍效率的提升，是否能让人变得性感等。甚至能让您了解为什么“宁求阎王不求小鬼”等这类问题。这本书也研究了人们在家庭（夫妻间或父母和孩子间）、学校、工作中，或者是在社会这个大框架中的行为和思考方式。

在此衷心希望这本书能给您带来惊喜，也虔诚地希望这本书可以让您更好地理解我们的日常生活以及我们与他人的关系。这本书最主要的目的，就是通过一些简单有趣的问卷为您描绘一幅关于权力的蓝图。

第一章

权力的起源

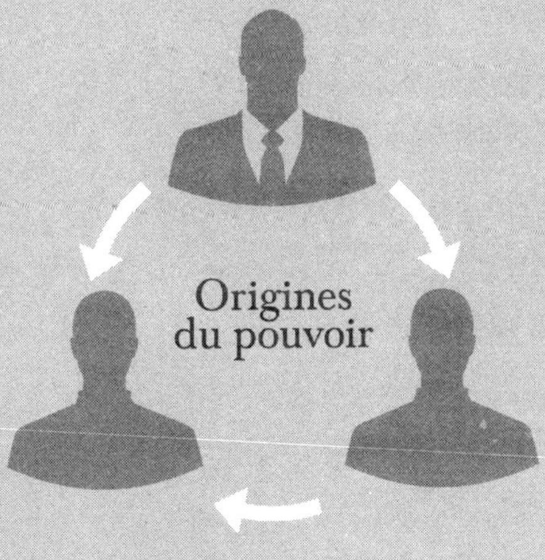

1 在所有的文化中，我们对权力的期望都是一样的吗？

文化、“权力差距”的价值观及职场表现

有时候我们很难理解，为什么其他国家的人会如此轻易地接受那些在我们看来让人压抑的权力形式。同时我们也难以想象，生活在其他文化中的人也可能觉得我们的行为方式非常奇怪。在职场中，要调到国际分公司的经理们深知，无论他们身处哪个国家，如果维持一成不变的领导方式，那么将困难重重。

Hofstede于20世纪60年代曾在一家跨国计算机公司工作，他从那时起开始着手研究文化差异，例如职员们如何看待他们的工作或领导等。他逐步在

74个国家（20多个语种）中搜集数据，最终收到了116000份包含100多个问题的调查问卷。Hofstede从中得出的结论是：民族文化可以从四个方面去描述，而其中最让我们感兴趣的一点就是**权力差距，它是指民众能接受的人与人之间不平等的程度。**

基于这些研究，我们观察到一些规律。这些规律能帮我们合并或区分某些文化圈。比如以芬兰为代表的北欧国家就表现出了权力观弱化的特点，也就是说，他们的国民能容忍不公的程度极低，而中美或南美国家的权力观则十分强烈。在这项排名中，法国在50个国家里排名第37位，这反映出我们认同相对较强的权力差距。

众多学者（House，Javidan，Hanges和Dorfman，2002）※用权力差距这个概念来解释不同文化中众多公司的运作。总体来说，企业管理方面的诸多差异都可以用权力差距来解释。当员工们能接受的权力差距较小时，他们更倾向平等的职业关系。这个关系建立在协商的基础之上，并且权力是由员工授予的。在这种情况下，员工们不能容忍悬殊的薪水差距、特权以及权力的象征等。相反地，我们可以发现，那些能够

※　本书中所有出现的学者姓名均按法文原书直观呈现，人名之后的括号中出现的年份为该项研究最初发表的年份。

接受较大权力差距的员工更倾向于专制式的职业关系。与第一种情况相比，这些员工期待并看重社会及职场中的不平等，尤其是薪水方面的不平等。

另一些学者也对有关权力的文化差异很感兴趣，但他们研究的范围并不局限于职场。Torelli和Shavitt提出，在各个文化之中存在两种权力的概念：**第一种是个人化社会所独有的，它将权力与个人的成功、社会地位和声望紧密相连。而第二种则更多地存在于集体化社会当中，权力代表着它所能给予的社会利益，特别是它能带给人们的帮助和保护。**

> 这些学者请不同地域的民众（欧洲、亚洲、北美洲和南美洲）来回答各种各样的调查问卷。研究人员从中可以了解这些人如何看待权力，它是应该为私人谋利还是应该造福大众。研究人员也能从中知道民众是否认同社会群体之间的不平等并会衡量他们的文化倾向，也就是看他们更重视个人还是集体。研究人员也想知道民众更倾向于平等的关系还是上下级关系，要知道，上下级关系能反映出人们对巨大权力差距的向往。

跟我们所料想的一样，实验对象越表现出个人的、上下级的文化倾向，他就越认为权力应该为私人利益服务。相反地，那些有平等的、集体的文化倾向的人认为，权力应当为大众利益服务。

■■■ 结论 ■■■

以上研究从整体上证明了权力观在不同文化中的多样性。要理解其区别，需要注意两大要素：对不平等现象的接受能力以及人们赋予个人或集体的重要程度。

2 社会上普遍如何看待权力？

权力的社会形象

社会心理学通过社会认知的概念来研究人们如何看待权力。社会认知是指社会上对某种事物所持观点的总和。它使我们了解这个世界并指导我们的行为。人们对社会中的众多事物都有自己的认知，当然对权力也不例外。

1989年Vala在葡萄牙进行了一项关于权力的采访调查。从与2000个受访者的谈话中，Vala总结出了关于权力的起源及其行为局限的四种认知。

第一种观点，也被称为能者居高位论，这类人认为权力是以个人能力或个人为得到权力而付出的努力为基础的。面对权力，每个人都拥有相对独立自主的行为空间。在这种情况下，人们面对权力只能采取行动，不可能退缩或逃避。

第二种观点，也就是平均主义的一种观点，这类人认为人们可以通过参与机构运行的管理而获得权力。在这种观点看来，权力的基础是在合法的社会活动中取得的信任，其目的则是减少社会不平等的现象。

第三种宿命论观点认为权力是一种固定又自然的社会产物。某些人手握重权并且不会让大权旁落，而另一些没有权力的人只能默默忍受他们的控制。权力使两者泾渭分明。在这种情况下，服从是面对权力的唯一选择。

最后一种观点是，有些人从社会集体冲突学的角度出发，将权力看成少数人用来控制他人的手段。因此，在面对权力这种反动势力时，展开集体行动似乎是改善生活条件的最好方法。

不同年龄、不同性别以及不同社会经济层面的人往往对“权力”持有不同的观点。我们也注意到那些有宗教信仰的人往往会持有能者居高位的观点。的确，上帝声称自己或早或晚总会奖励每个人的才能。那些自称“左”派或者支持工会的人往往反对宿命论的观点而支持平均主义或是集体冲突主义的观点。最后，那些没有上过学并且最贫困的“弱势群体”常常信奉宿命论。

结论

这个研究让我们不得不承认，这个世界上存在着不同的政治立场和不同的家庭社会角色。最值得人注意的是有一股能量使我们的关注点从上帝转移到了社会不平等问题上，也正是这股能量促成了如今人们对权力的看法。这一点让我们相信，人们对于世界的公正感或不公正感决定了他们对权力的看法以及面对权力时的反应。

3 专制会不会让我们的世界观有所不同？

专制人格及其世界观

对于权力的研究会让我们对意识形态这个问题进行思考。意识形态也就是我们关于世界的一些理论。这些理论能够帮助我们理解一些日常事件和社会事件。从这个观点来看，我们的意识形态创造了历史。

众多的学者和思想家专注于研究20世纪兴起的那些反民主社会的起源。有些人也想通过研究个人与权力的关系来弄清楚欧洲法西斯主义上升的原因。

1950年，Adorno与其他学者一起在美国进行了一系列的研究。他们对持有不同观点的人群进行了一系列的采访和问卷调查。这些调查涉及了宗教、战争、反犹太主义和对少数民族的态度等领域。

这些学者根据调查结果勾勒出了一个阶梯式的图表，并将之命名为F（法西斯主义）阶梯图。这个图展示了一系列塑造反民主人格的态度和价值观。

这个阶梯式图表由不同的观点组成，而这些观点反映了整个社会的认知层面。其中，有两个关于反民主的层面特别引人注意：第一个层面叫作“权力的服从”，也就是说对于一些道德权威无条件地服从，这方面的权威包括父母、长辈或者是一些抽象的权力拥有者，比如说上帝；第二个层面叫作“权力及其硬度”，展示的就是强权和高强度的控制对人们的吸引。

因此，“每个人都应该信仰某种高于人类的超自然力量，应该完全服从并永不怀疑它的决策”、“对于权威的尊重和服从是孩子应该学到的最重要的品德”、“国家不需要太多的法律和机构，而是需要更多积极的、有魄力的、忠心的、值得人民信赖的领袖”。以上这些想法往往会使人们更支持那些歧视少数派的言论。

同样地，这些想法让人们只会单一地接受跟他们持同样观点的人。这种看问题的方式也让人们

> 排斥并鄙视其他社会群体。一般来说，这种世界观会让人们走上与民主社会截然相反的道路。

结论

众多研究表明专制能使人预言每个个体是怎么看待社会的。因此2008年Baumert，Hofmann和Blum在德国做了一项研究。研究表明高度专制会减弱人们对纳粹主义历史和希特勒的研究热情。

Ardono的研究激起了大量的批评和争议。对此，Deconchy和Dru的著作里也有描述。我们应该看到，很多人就是以研究专制人格为出发点来研究人与权力的关系的。总体来说，研究人员们感兴趣的是那些支撑专制主义的思维内容及方式。

就内容而言，Altemeyer（1998）这样总结那些关于专制人格的研究：一方面，我们能发现一种服从于专制的趋势。这些研究描述到有些人只在乎跟自己相似的人的想法。这些人把自己看成沉默并有思维能力的多数派，他们往往都有宗教信仰并对少数种族怀有敌意。他们常因心怀恐惧而导致世界观扭曲，也因此反对大多数形式的公共自由。

另一方面，我们也能发现，专制也能带来一种试图控制他人的趋势，也就是热衷于划分社会等级（性别、政治、经济等）。这一类人格似乎在各个文化中都更专属于男性。有这种专制倾向的人往往都醉心于权术。为了寻找一个平衡点，他们拒绝社会中所有形式的平等。比如，这些有强烈社会控制欲的人会表达更多的种族歧视、性别歧视或民族歧视的言论。同时，他们也不支持同性恋者的权利和某些社会政策。

就思维方式而言，我们应该注意到Ardono的研究只考虑到了右派专制，也就是人们平时说的法西斯主义。但是他忽略了有其他集权方式的“左”派专制。Deconchy和Dru提到，专制主义的这两种形式看似截然不同其实又一脉相通：两者在思维上都缺乏随机应变的能力；它们都信奉“拳头是硬道理”；它们都坚信自己掌握了真理；也都有各自偏执的党派之见。不同专制主义之间的思维方式都大同小异，用心理学家的话说，它们参照的都是某种形式的教条主义。

此外，我们也应该考虑到所有有权力的团体，如政治团体、职业团体或宗教团体，不管其性质如何，它们在运作过程中都会拥护某种正统的观点，而这在某种程度上来说也是一种专制主义。

4 监狱中囚犯如何掌权？

权力的基础及监狱中的行为

受到众多相关题材的影片和连续剧的影响，人们对未知的监狱世界总是充满了各种想象。而对研究人员来说，这个特殊的封闭领域能够使某些行为得到激化，因此也为研究人员观察某些现象提供了契机。

Haney，Banks和Zimbardo（1973）通过媒体招聘了一些实验对象。这些实验对象需要参加一个关于监狱生活的研究。研究持续两个星期。一到实验场所，一半的实验对象就通过抽签的方式被选中扮演狱警的角色，而另一半则要扮演罪犯的角色。

这里面没有一个实验对象是真正了解监狱中的生存法则的。实验场景尽可能真实地还原了监狱的场景。每个实验对象在穿上了狱警或罪犯的服装之后，就开始进入了角色。

不幸的是，囚徒们很快就表现出了一些真实的痛苦的迹象（抑郁、哭泣、焦躁）。而狱警们则投入到了角色中，他们对罪犯们进行了肢体上和心理上的侵犯。要知道，这些罪犯最初也跟他们一样，只是参与到这个研究中的实验对象，只是命运的不同让他们暂时成了囚徒。这个实验在进行了六天之后不得不被终止，而在实验的最后，这些扮演囚犯的实验对象已经被剥夺了他们作为人的身份，而沦为一个个囚衣上的号码。

在此之后，Zimbardo（1973）与其他研究人员曾试图从权力分析的角度来解释这些行为。乍一看，这个研究似乎证明了每个人都有可能受团体内部权力的驱使而成为恶贯满盈的人。我们虽然不得不承认环境会对每个人产生不可估量的影响，但是仍要对这个结论持有怀疑态度（Haslam和Reicher，2007）。这些自愿参加研究的实验对象毕竟不能代表大多数人，因为普通人一般也不太会愿意用两周的时间来试着扮演狱警或囚犯。

然而，在一些非实验室的环境下，人们是可以拥有一定自主空间的。

通过一项在监狱中进行的研究，Auzoult和Abdellaoui（2008）对四十多个人进行了调查。这些被调查的人员中，有狱警，有教育改造人员，也有少年管教所的犯人。

每个人都提到了管理犯人的几种方式：很显然，重申监狱中的规章制度是最常用的一种方式。同样地，惩罚（剥夺其看电视或者进行其他活动的权利，如运动或玩台式足球等）和奖励（额外的淋浴机会）似乎也是常见的一些方式。此外，这些活动会让犯人们感到疲劳，这样夜间的看守也会变得容易些，因为夜间狱警的数量相对较少。

狱警很注意按照种族或简单按照出生地来对某些犯人进行分组。

但是最让人感兴趣的结果可能是：罪犯们在某些原则的采用上表现得小心翼翼。我们知道，社会上存在某种相互原则，也就是当我们向别人提供过帮助以后，也可以要求别人帮助我们。而这个原则使犯人们可以用平时良好的表现来换取狱警们偶尔的宽大处理。这个原则也使他们可以与狱警建立一种平等的关系，甚至有时可以反转他们之间的权力关系，并附带要求一些未必合法的交易。

■■■ 结论 ■■■

不要觉得这种相互的关系只会在监狱体系内产生。很多职场关系也是建立在这个原则基础上的，不管是从个人层面，还是从整个职场生活层面来说。若我们仔细观察，会发现家庭内部也不能排除这种关系的产生，不管是在夫妻之间还是在父母和孩子之间。想必大家都听过孩子们为了得到最新的时尚玩具，或者是为了跟朋友出去玩儿而与父母讨价还价，用写好作业作为交换吧。

Raven在1992年创建了一套理论。这套理论总结了所有社会权力的基础，也就是说一个人可以改变另一个人行为的原因。

前两个基础是，奖赏权力（比如说，用答应允许孩子出去玩来换取孩子的某项努力）和强制权力（用惩罚来威胁孩子，不让其做某事）。这些都是家庭、学校和职场中经常会采用的传统手段。

第三个基础是，法定权力，也就是我们一般所说的权威。这个基础也需要一些社会准则的支撑。比如，如果你第一次答应了别人的某一要求，那么他会理所当然地要求第二次（你向我寻求帮助很合理，因为我曾经帮过你），或者是这个要求很合理，因为这就是他的职责（你父母让我在他们不在的时候照顾你，所以请你配合我，现在去写作业）。

以下权力形式也会对一个人的专长和他所掌握的信息有

所要求。的确，这些权力形式要么建立在一个人应该拥有或被证实拥有的专长基础上（专家权力），要么建立在这个人所掌握信息（信息权力）的基础上。这些基础反映了一些专家的权力，如医生或科学家的权力。另一个基础（参照权力）靠的是人与人之间的吸引力。我会听从一个团体的某些成员的要求，因为我迫切地想要加入这个团体中来。我会听从一个足球明星的指示，因为他让我魂牵梦萦，我想要讨他欢心。

Raven还提到的一个基础是环境权力。这个基础指的是生活环境给人们带来的影响（比如，减少一台机器就会让员工被迫改变他们的工作方式）。Raven最后提到的一个基础是第三方权力（比如，一个母亲告诉孩子说，如果他不听话就会告诉爸爸，以获得孩子的服从）。

所有的这些基础就是让我们听从别人命令的原因。Raven进行的这些分类也能够让我们快速地了解各种权力关系。

5 我们需要一直将一己私利挂在嘴边吗？

利益在材料专业性鉴定以及社会影响方面的效应

威望和可靠是权力最坚实的基础。然而人们总是怀疑那些当权者以权谋私，只满足一己私利，而不关心他人的死活。

> Walster，Aronson和Abrahams（1996）邀请他们的实验对象就“应授予法庭多少权力”这个问题表达自己的看法。在实验对象表达自己的观点之前，工作人员提供了两篇文章，其中一篇的署名是一位有威望的人，而另一篇的署名则是一个没有威望的人。实验对象需要阅读其中一篇文章。
>
> 这个有威望的人是G. William Stephens，纽约

的检察官。他被认为是史上送最多人进监狱的一位检察官。而那个没权威的人是Joe Napolitano，他当时正因贩卖毒品而在监狱里服第三年的劳役。

根据作者的不同，文章持有两个相反的论点：其一，逃避惩罚并非难事；其二，坐监狱并无用处，并且只会增加犯罪活动。工作人员要让实验对象感觉到如果法院的权力增加，检察官可以从中得到好处，而罪犯只会得到坏处。

实验对象阅读的资料作者要么有威望，要么没有。两个作者支持的观点也不一定能为自己带来好处（是否支持增加法院的权力）。最后，实验对象要指出他们在增加法院权力这件事上的观点并要对文章作者的专业性进行鉴定。

结果表明，当罪犯为了保护自己的利益而主张缩减法院的权力时，检察官的影响会大于罪犯的影响。而当这同一个罪犯抛开一己私利，支持法院应该有更多的权力时，他的影响力基本跟检察官的影响力持平。所以说这个影响力不仅仅跟作者的专业程度有关，因为不论如何人们都会认为在执法公正这个话题上，检察官是比罪犯更专业的。因此，**支持一个与自己的利益相违背的观点会被人认为是更专业的。**

■■■ 结论 ■■■

当一个人给人的感觉是大公无私时，他就会赢得更多的权力。在权力合法的基础上，我们应该思考的是行使权力和服从权力的人追求的最终目的究竟是什么。认为某事合理的依据和批准某事的依据，根据时代的不同和文化的不同，也都有所变迁。现代化的标志就是从曾经以超自然权威为依据，也就是以神为依据，过渡到现在以人类和社会参考作依据：价值观、集体目标、法律，换句话说也就是以理性为依据。Weber的研究也认同这个观点。在日常生活、工作以及个人关系中，我们都会参考规章制度和/或者是法律这种被公众所知的理性依据，而这些依据也很清楚地划分了权力的行使界限。

6 权力是不是一件让人头大的事？

具体的、抽象的想法和权力意识

一些人喜欢通过行动或通过感知事物的性质来具体地谈论生活。与之相反，另一些人则喜欢通过一些抽象的概念和想法来思考生活。

此外，抽象似乎有一个不算是好处的好处。它总能让人忽略细节并让人暂时把困难放在一旁，而这些困难往往是那些想法具体的人会提前考虑到的。

通往权力的道路总是布满荆棘并且要付出代价的。至少那些权力拥有者的论调总是这样的。一些研究者由此猜想喜欢抽象思维的人会更有权力意识。

Smith，Wigboldus和Dijksterhuis（2008）认为思考一项活动的完成方式（怎样完成）比思考其原因（为什么完成）更具体。他们以此推断为出发点邀请了一些实验对象加入到他们的研究中来。一部分实验对象需要思考怎样养生，怎样保持身体健康；另一部分实验对象则需要解释为什么要养生，为什么要保持身体健康。

然后，实验对象们被要求回答一个问卷。在问卷中他们要描述自己是习惯服从还是习惯控制，是习惯被动还是习惯主动，是犹豫不决还是果断自信，是依靠他人还是独立自主。这些描述可以使研究者能够测量他们心中的权力意识。

正如研究人员所料，那些被引导进行抽象思考的实验对象更有权力意识，而那些被引导进行具体思考的实验对象的权力意识则相对薄弱。

结论

如果我们考虑到学校里更强调抽象知识，而不是具体知识，那么我们就能够解释抽象意识和权力意识之间的关系了。这也就是为什么那些受教育程度较低的人就算才华横溢也很难掌握权力了。

7 行动的权力和/或对行动者的感知

对人们的认识和权力的分配

如果说各种欲望促使人们追求权力，那么这个行动本身也是让别人承认我们权力的一个过程。人们不是常说会采取行动的人是能够带来改变的人，也是能够改善这个世界的人吗?

Galinsky，Gruenfeld和Magee（2003）也证明了拥有权力会促使人们马上行动。从某种程度上来说，行动是让别人认可我们统治的一种方式。

Magee（2009）向他的实验对象提供了两组不同的场景。在第一个场景里，一个人在权衡利弊，犹豫是否要接受一份新工作。他在想这个决定会带来怎样的后果。在第二组场景里，一个人做出了换工作的决定，并描述了自己为了实现这个目标而会采取的行动（买飞机票，更新护照，准备行李等）。

实验对象需要指出这两个场景里描述的两个人物是否在现实生活中拥有权力。

研究者们注意到那个表达了具体计划的人物被认为在生活中拥有更多的权力；而另一个描述他如何做决定的人物则被认为拥有较少权力。

结论

很显然，如果我们想让别人承认我们的权力，应该让别人知道我们实现某一计划的具体步骤，并且最好要隐藏自己的情绪以及困惑，不要将其展示给他人。

8 我们的情绪是权力的表现吗？

对人们的认识和权力的分配

我们的行为可以表现出我们的权力。但是我们身边的人不仅能接触到我们的行动，还能感受到我们的情绪。在某些情况下，情绪的表达可以让我们对他人产生影响。我们可以谴责他人，可以激起他人的同情，也可以用愤怒使别人产生恐惧。因此可以想象情绪有可能是我们对他人控制的一种体现。

Tiedens（2001）年曾试图证实这个想法。他联系了一些工薪人员并让他们做一个问卷调查。在该问卷中，受访者要描述自己以及同事的一些情绪

（如悲伤，愤怒等）。

同时，他们还需要说出他们在公司最近的一次升职的时间以及他们的工资总额。与此同时，他们在公司的相关负责人会指出他们再升职的概率有多大（目前能力、领导能力、付出努力等）。这一系列的问题使得调查者了解了该员工目前和未来权力地位的高低。

然而，人们观察到，悲伤这种情绪与权力的大小并没有特别的关系，但是经常表现出愤怒的往往是那些现阶段权力较大、工资较高并且升职概率较大的员工。

Tiedens为了证实这个实验结果也做了其他一系列研究。尤其是，在其中一项研究中，他播放了克林顿谈及莫尼卡·莱温斯基事件时的一些视频。在这些视频中，克林顿要么对司法部门对该事件的处理方式表示愤怒，要么对自己的行为表示羞愧和悲伤。在观看过这些影片的美国人中，那些看了他表达愤怒的影片的人认为他受惩罚的程度应该轻一些（并应该保留他的任期），而那些看了他表示出羞愧的视频的人则认为他应受重罚。在这个事件中，人们经常批评克林顿在与媒体的交涉中不但没有表现出忏悔，反而表现得很有攻击性。但历史似乎证明，这样的做法在保留他权力的过程中起到了一定作用。

Tiedens研究中的其他因素也证明，在人们心中，愤怒是与能力相连的，而一个悲伤的人则往往只是一个人性温暖的人。

在2006年的另一项研究中，Van Kleef，De Dreu，Pietroni和Manstead向一些管理人员描述了一个商务谈判的情景。这些管理者因为要更新公司的网站，所以要就这项合同与一个公司进行谈判。工作人员告诉一部分实验对象（这些管理人员中的一部分）经过调查，有好几个公司参与了招标（己方权力条件较强），而告诉另一部分实验对象只有一个公司参与了招标（己方权力条件较弱）。

根据版本不同，研究对象们处于一个强势或弱势的位置。工作人员指出之前一个公司的要价为12万欧元，但是实验对象自身公司的预算是9万欧元。接下来谈判要么在一个不愉快的环境中开始，这种情况下谈判的另一方表达他们的愤怒；要么在一个愉快的环境中开始，这种情况下谈判的另一方表达他们的满意。

研究表明，实验对象明显感受到了他们谈判对象的情绪，他们认为当有好几个招标对象供选择时，他们的权力比只有一个招标对象供选择时要大一些。

> 此外，研究人员观察到，当谈判者表达愤怒时，实验对象提出的价格（95 227欧元）要更高，因此对公司更不利。而谈判者表达满意时，实验对象们提出的价格（88 281欧元）则较低，于公司有利。那些在谈判一开始不占上风的人更容易受对方情绪的影响，而那些有权力的谈判者根本没怎么考虑谈判对象的情绪。

结论

我们谈判对象的情绪似乎可以被看作权力的表现。在这些情绪里，愤怒尤其能够赋予人某种权力。然而，情绪的权力也不是绝对的，它也有一定的界限。一方面，它主要能够影响那些本身没有真正权力的人；另一方面，其他研究也表明情绪的影响是短期的，并且我们会竭尽全力避免与一个易怒的人相处。

9 为什么企业里都要有一个超大的组织结构图？

权力的空间形象

中世纪时，每个城市都力求建出最高的教堂。但如今，高楼大厦已在不知不觉中取代了大教堂的位置。

企业中的组织结构图是由低往高建造的。每个人都想尽可能处于最高位。此外，当有人爬到社会阶梯的最高端时，我们不总是说他到达了权力或者是荣誉的顶峰吗？

> Schubert（2005）向他的实验对象展示了两个人相处时的三类关系：首先是两种不对称的关系。其次是在这两个关系中，一个人要向他人施加权力或承受他人的权力。最后是两人之间的平等关系。

这些关系由一些带颜色的圆圈表示，以防止实验对象根据其生活经历而带入一些实际含义。然后，他每45度画一条线，并让实验对象们在这些线中选择出一条最能表现出人与人关系的线。

57.7%处于控制他人位置的实验对象选择了90度方向的那条线，也就是朝上的那条线。相反地，41.9%的处于服从位置的实验对象选择了负90度的那条线，也就是朝下的那条线。最后，那些处于平等关系中的人们大多数选择了水平线。

表1.1 按角度和关系类型分布的百分比

线的方向（右：朝右；左：朝左）

关系类型	0° 右*	-45° 右	-90°	-45° 左	0° 左	45° 左	90°	45° 左
影响	0.6	0.4	0.6	1.5	5.6	28.2	57.7	5.4
服从	3.2	33.3	41.9	15.2	0.9	1.5	1.3	2.8
平等	22.6	4.3	3.4	12	38.7	8.1	4.3	6.6

当我们把权力想象成一个垂直的概念时，越往上就意味着权力越大，越往下就意味着权力越小。在这种情况下，人们似乎更愿意瞄准最高峰。

Giessner和Schubert（2007）邀请了一些经济专业和商务管理专业的大学生，让他们根据提供的信息对一些企业领导者进行评估。工作人员向他们提供了一张公司的组织结构图。在这张图上有一条垂直的线将基层组织与领导层分开，但是有的图上这条线长2厘米，有的图上这条线长7厘米。

在了解了所有这些信息之后，实验对象要对领导的自信程度、性格等进行打分，以评判出这个领导是不是有领袖气质。

正如人们所想，与垂直线2厘米长时相比，当垂直线有7厘米长时，实验对象们觉得领导者拥有更大的权力。

结论

这次实验以及关于这个问题的其他实验结果都表明：在很多文化里，人们都把权力看成一个垂直的形状。从直觉上来说，我们在很多情况下都能感受到这个观点。很少会有老板愿意把自己的办公室放在底层，他们更愿意将之放在公司的顶层。现实生活中我们也经常可以遇到这种人，他们很喜欢坐在扶手椅里俯视他们的手下。

10 权力有性别吗？

权力和个人感知

人们经常批判社会中存在的男女不平等现象。经常被提及的一点就是自古以来男性就独揽大权，并使得女性的地位岌岌可危。如果这个情况属实的话，那么权力是有性别的，并且应该是属于男性的。

> Fagenson（1990）要求他的实验对象回答一系列问题。这些实验对象是来自某大型医疗保健公司的男女职工。他们来自公司的各个阶层。
>
> 实验对象要描述他们对自己的看法，尤其是自己的男性化特征（比如独立、积极、有决断力、自信等）和女性化特征（比如情绪化、善良、善

于感知他人情绪的能力、热情等)。实验者们根据他们在公司的能力及责任大小来判断其权力等级，并衡量他们权力感的强弱。

有趣的是，实验对象中40%是女性，60%是男性。在女性实验对象中，28%拥有相对责任较大的职务。在男性实验对象中，32%拥有责任较大的职务。在这个公司，就此次实验而言，权力的男女分配还是相对平等的。

正如人们所料，那些责任最大、能力最强的人比那些责任小、能力弱的人有着更强的权力感。同样地，那些权力大的人，无论性别，都将自己描述得更具有男性特征，这点与那些拥有权力较少的人有所不同。

■■■ 结论 ■■■

某些研究人员认为人们对男性的固有印象与一个完美管理者所需的品质更相符(自信，有决断力)。这也就使得那些权力拥有者更愿意将自己描述成具有男性特征的人，或者是默认自己应该如此。

另一些研究者的观点是，在当今社会应该适当地表现出一定的男性化特征才能得到我们想得到的东西——权力。

且不论这两个解释哪个正确，至少我们能看出来，权力的确是有性别的!

11 您真的需要建议您的下属减肥吗？

歧视以及权力的分配

在很多情况下，我们仅凭头衔、身份和权力的一些外部特征或者我们所拥有的一些信息（Baldwin，Kiviniemi和Snyder，2009）就可以确定哪些人是权力的拥有者，哪些人是权力的承受者。但有时也不尽如此，比如当人们互不相识时就很难确定。在这些不确定的情况下，双方的过去和某些经历都可能让某一方采取行动而占据主导地位，其他因素也可能对权力的主导产生影响。klein，Synder和Gonsalez（2009）这三位研究者曾试图探究与一个被贴上某些社会标签的人相处是否会让人增加权力感。

这次的实验对象是一些大学生。他们被邀请去一个实验室。在那里他们会遇到并结识另一名大学生。在相遇之前，他们被要求通过电脑获得对方的信息。而这些信息中，就有对方的照片。

工作人员向他们展示了一些女性的照片，有一部分女性在之前的一项研究中已经被认定为患有肥胖症，而另一部分女性则被认为是体重正常。然后实验对象就要回答各种问题并完成各项任务，这样工作人员就可以测量他们在研究环境中权力感的强弱。实验对象们还要描述自己对权力的看法，对另一方的印象（交际能力、个人能力等），以及他们对肥胖症患者的态度。

与整个社会上的普遍态度相同，实验对象们对肥胖者的态度往往比较消极。工作人员也观察到，与面对正常体重的人相比，实验对象在面对那些肥胖患者的照片时，往往会表达出更强的权力感。同样地，与要见正常人相比，当实验对象知道自己要见的是肥胖症患者时，连关于权力的自我描述也要快很多。

■■■ 结论 ■■■

研究的结果证明：很显然，**我们会利用日常生活中的一切因素来创造我们与他人之间关系上的不对等。**可能对于那些追求权力的人来说，与胖人一起工作对他们更有利。

第二章

风俗习惯与权力的滥用

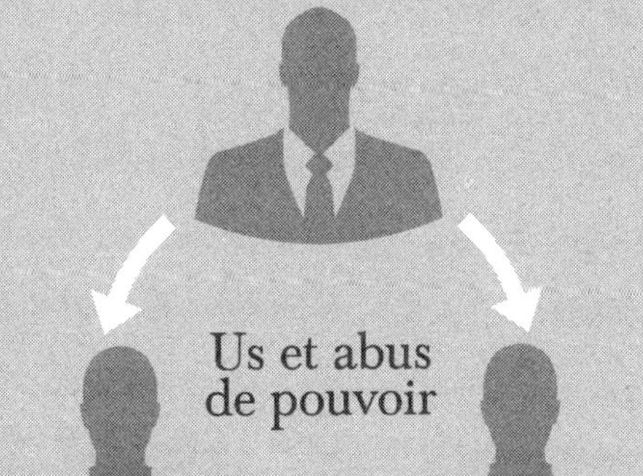

12 如果一个专家建议您停止睡觉，您会听从吗？

专家与社会影响

专家的权力看起来都是那么令人生畏。然而有时，常识会告诉我们要小心专家，因为他们的言论与现实相差甚远。甚至有时，专家的话与我们的常识太过背道而驰，以至于我们会自问有谁会听信他们。这也是我们间接地通过这个问题想知道的：如果一个专家建议您停止睡觉，您会接受吗？

> Bochner和Insko（1966）向实验对象介绍了一份提倡减少睡眠时间的论文，并解释说这么做会对健康及养生大有裨益。

他们会告诉实验对象论文的作者是否是专家。根据论文内容，实验对象需要将睡眠时间减少至0到8小时不等，也就是说他们甚至完全不能睡觉。研究人员随后要采访，实验对象认为维持几个小时的睡眠是必要的。

我们发现只要告诉他们作者是专家，不论让其睡眠减少几小时实验对象的态度都会发生转变，并会相信宣传，甚至是要求他们大量减少睡眠时间时。而当被告知作者不是专家时，实验效果要稍弱一些。

以上实验结果完全验证了专家的权力。他们的身份足以改变人们的行为，其言论在任何情况下都能影响人们的态度。另有一些研究试图弄清这类专家所产生的影响只是来自他们的形象还是来自他们所提出的论据。

Norman（1975）试图改变人们对于睡眠时间的看法，他向一部分实验对象展示了一个有魅力的人，具体来讲是一位有艺术气质、爱笑的、运动型年轻男士；向另一部分实验对象介绍了一位专家，他是研究睡眠方面的心理学教授。

年轻男士和教授都指出，人们通常的睡眠时间都太长了。但年轻男士并没有进一步给出理论支

> 持，而专家则给出了六大原因（比如只有深度睡眠才有效等）来改变人们的想法。
>
> 在面对年轻男士和专家的两种情况下，实验对象都改变了他们的看法。然而专家只有靠他的理论依据才增强了对实验对象的影响。而对于年轻帅哥来说，他提出了几条理论并不重要……

最后这项研究结果显示，**我们很难弄清楚自己究竟是因为喜爱对方而改变，还是因为对方的言论而改变。**

另外我们可以注意到，这些研究已有些年头了。近年来，热点言论愈发倾向于质疑专家的权威。在戒烟领域展开的一些研究就试图强调专家效应的反作用，因为人们日益将它当成对思想自由的威胁。孰是孰非？

> Falomir，Mugny和Perez进行了一项研究（1993），他们要求烟民阅读一则从经济角度劝诫人们戒烟的广告。这则广告的作者或是一位政治经济学教授（专家），或是一个小型禁烟协会的会员（非专家）。
>
> 另外，当不同实验对象阅读这则广告时，可以吸烟（自由）或者被禁止吸烟（限制）。
>
> 研究人员从七个方面比较了实验对象在阅读这则广告之前和之后想戒烟的意向。

表2.1 读戒烟广告之前和之后戒烟意向变化

实验对象状态	专家	非专家
可以吸烟	+0.38	−0.29
禁止吸烟	+0.10	+0.45

结果显而易见。一方面看来，没有专业权威的禁烟协会比专家更能改变人们的想法，但是，其前提是我们强调禁止吸烟。而专家的问题在于他限制了烟民的思想自由；另一方面，就专家的情况来讲，他只有在强调自由的时候才能改变烟民的想法。

■■■ 结论 ■■■

由Falomir-Pichastor和Mugny发表的研究（2004）证实了以上结论。尤其是当烟民在阅读戒烟广告之前和之后，在有批评广告内容的自由或者是能够大谈吸烟好处的自由时，专家才能扩大自己对他们的影响。由此看来，**自由感是权力的最佳盟友。**

13 不管是谁都能让您什么都相信吗？

专业性、可信度与社会影响

我们看到，专家总能提出恰如其分的论据来说服他人，但是他们并没有威胁到这些人的思想自由。不论专业性靠的是才干、能力还是可信的知识，在我们这个科技化的社会里，它都是一个强大而被看重的权力基础。现在的问题是，专家到底能在多大程度上与常识背道而驰，要知道这会使专家的可信度岌岌可危；反过来，在不强调能证明其能力的专家身份时，他们又能拥有多大的权力呢？

Gangloff（1980—1981）在他的一项研究里回答了这个问题。研究人员在多幢大楼的电梯里粘贴了告示，请住户不要乘坐有可能发生故障的电梯。用来解释这张告示的理由也是相对可信的：要么只强调禁令而没有给出原因，要么强调会有电线短路的危险或大楼旁边的高速公路坍塌的危险，要么缺少足够的汽油让电梯运转，要么将故障解释为达灵顿效应[①]。

这个效应其实完全是研究人员杜撰的，实验对象可以按照自己的想法来理解。研究人员也同样对于告示撰写人的可信度做了些调整，他们或是一位官方的维修人员，或者是一位法语老师，或者是一位大楼住户，又或者是一位莫诺力斯第[②]方面的专家。当然，莫诺力斯第和达灵顿效应一样都是子虚乌有的。接下来研究人员观察了电梯用户的表现。

结果证实，哪怕是当莫须有的专家提到莫须有的效应时，大部分实验对象也都听从了告示的建议。相较于其他身份，官方维修人员的影响力更大。电线短路比其他原因更为有效。最后，作者身份可以提高告示的可信度，反之亦然：即使作者的身份不那么有权威，一则可信度高的信息仍然可以改变人们的行为。

① 译者注：原词为实验人员编造，实际上并不存在。

② 译者注：同上。

■■■ 结论 ■■■

在环境允许的情况下，所有似是而非的信息，所有形式的知识都能在人们身上发挥作用。然而，您尽可以放心。Jacobs和Campbell（1961）的一项极有启示性的研究证实，一种极其专制又与常识相悖的观点会迅速地被历史湮没。再说，每个人都知道，有些时髦的东西很快就不流行了，而有些则在我们生活中影响甚众。虽然我们有时会盲信盲从，但是这不会持续太长时间的！

14 为什么千万不能撞上一个不怀好意的医生？

对权威的服从

Stanley Migram关于服从权威的研究是最为大众熟知的研究之一（Blass，1999；2009；Guéguen，2002）。这些研究以令人瞠目结舌的方式向我们展现了普通人面对权威时会表现出惊人的服从。

> Milgram（1974）通过报纸广告招聘了一些实验对象，并谎称是邀请他们参加一项有关记忆力和学习的研究。研究报酬约为4.5美元，地点是在耶鲁大学的一间实验室里。实验对象是一个个被录取的，从实验一开始就有第二个人在场。这个人

其实是研究人员的同伙，他知道实验的真正目的，并扮演着符合实验者要求的角色。

这项以研究学习为借口的实验分两个阶段进行。首先，实验对象要担当“教练”的角色，并教给“学生”身份的同伙一串名词组合（天／蓝，鸭／野，等）。

接下来，教练需要测试学生并要在他出错时给予惩罚。教练要站在一面操控板的后面，板上有三十个理论上可以传送电流的操纵杆。在这些操纵杆下面有一些从“轻度电击”过渡到“危险电击”的标识，其中最后三个标识后还有表明重大强调意思的图案。实验对象被告知，不同标识对应着不同的电压强度，从15伏到450伏不等。学生坐在椅子上，并与电极相连。教练要对学生进行的处罚，就是在他每次记错名词组合时，对他施加电击。这个假学生的任务就是经常出错，好让教练惩罚他。

实验对象会听到假学生提前录在磁带上的抱怨。抱怨会越来越强烈，从75伏开始，就能听到学生的呻吟，从135伏起，学生就会开始惨叫。到150伏时，学生会说“先生，请让我走吧！我不想再参加实验了，我不想再继续了”，到180伏时，学生会加上“我不行了”。从300伏开始，扮演学生的实验者同伙就开始拒绝回答问题，并保持沉默直到实验结束。象征权威的研究人员会以四种方式来命令想要中断的教练："请继续！"或者"我请您继续"，"您必须继续"和"您没有选择，只能继续"。

实验对象因此面对两种矛盾的势力：一个是能让他们违抗命令的学生的抱怨，一个是促使他们服从的研究人员的命令。研究人员根据教练对学生施加的电压伏数，以及会加压到450伏的人数百分比来判定实验对象服从权威的程度。

我们观察到，所有实验对象都遵从了向正在呼痛的人继续施加电压的命令。从服从角度来看，有62.5%的实验对象对学生加压到了450伏。

Henry Verneuil在*I comme I care*这部电影中描述了这项研究。近来，Derren Brown也将Milgram的研究制作成了电视节目。在法国，这项研究以真人秀的形式呈现——《死亡游戏》，其中由一位电视主持人来充当权威的角色（Nick和Eltchaninoff，2010）。当然，拍摄现场的观众使情况发生了变化。游戏的竞争者们不仅会服从于主持人的权威，同时还要符合观众的期望。因此，他们的表现更加令人震惊。

知道这项研究后，人们最初的反应就是认为服从权威是一种不好的现象，当然他们会首先强调心理学研究者都太危险了，都得被关起来才行！

他们没有看到，在大多数情况下，服从是很实用的。它能利用个人的配合来组织人类社会。实际上，正如两位学者Passini和Morselli（2009）所指出的那样，对权威的服从和违抗既可以促成社会和谐地运作，也可以导致社会混乱不堪。如果违抗并不只是简单的拒绝，也不只是对服从的质疑，而是为了保护社会基本价值观，那么人们就能通过它来质疑权力的合法性。

从经验角度来说，教师都知道在教学中介绍这类研究时，不少人都怀疑实验方法的科学性，他们会反驳道，服从权威的现象在日常生活中不会发生。在战争时期还行，但是在日常生活中绝对不可能！

Hofling，Brotzman，Dalrymphe，Grave和Pierre的一项研究（1966）中提出了这个问题。他们在医疗领域进行了一次实验，其参与者是一些护士和一位医生。研究人员在医疗中心的医护室里放了一个装有药丸的盒子，盒子上写明了操作允许的最大和最小剂量。

值班的护士会接到一位医学博士的电话。这位博士要求她们给病人用超出医嘱要求的剂量。我们需要强调的是，这服药并不是护士们常见的药，这个剂量也是不符合规定的。另外，护士们并不认识那位医学博士，在实验所在的医疗机构中，这种开处方的程序也是被严厉禁止的。

在以上各种前提下，结果是22位护士中有21位按照博士的要求添加了药的剂量。甚至其中有11位护士在清楚剂量不合适的情况下执行了命令，18位护士在明知开处方程序违规的情况下执行了命令。

■■■ 结论 ■■■

这项研究验证了Milgram的成果。它引导我们得出以下结论：即使在今天，服从权威仍然是一种非常普遍的现象。

15 招聘者能对您进行精神折磨吗？

对权威的服从

通过媒体播报的日常新闻，我们可以有无数次机会得知，职员或求职者的压力是非常巨大的。有时候，这些压力并不是来源于施压者的意愿，而是出于某些管理手段的需要。听任压力摆布的人实则身处权力链的围困之中，这又一次与Milgram的研究相呼应。Meeus和Raaij Makers（1986）的研究也阐明了这一现象。

在Meeus和RaaijMakers的实验中，他们的荷兰籍实验对象的任务是对求职者施加压力，这些压力会导致应聘失败。在这个过程中，求职者表现得十分紧张，并哀求招聘者中断面试，稍后再重新开始。正如Milgram的研究一样，实验者命令实验对象继续面试痛苦的求职者。

研究人员发现，91.7%的实验对象服从了这个命令。不同的研究显示，当充当权威的实验者不在场时，只有36.4%的人会服从命令继续面试，而当有两个求职者一起反抗实验对象的命令时，只有15.8%的实验对象会继续进行面试。

结论

跟其他研究一样，这个实验揭示了团结就是力量，团结是反抗专制命令的最坚实的壁垒。不幸的是，以上结果也不容置疑地向我们展示了，以像招聘会这样的合法社会活动为遮掩时，折磨别人是多么容易。

16 反抗需要戮力同心吗？

对权威的服从与集体的反抗

神话传说里经常会讲述一个叛逆勇敢的人在面对独裁者时如何孤独反抗。这让我们联想到罗宾汉，联想到威廉退尔，甚至是独自抵达英国的戴高乐将军。

> Apfellbaum和Personnaz在他们的研究中（1975）要求实验对象组成五人小组，重复进行一项十分无聊的活动，比如抄写一系列字母（a A b B c C）长达几小时。几分钟以后，实验者离开实验室，留下实验对象独自完成任务。
>
> 他这个举动的目的，是给正在服从权威的实

验对象创造反抗的机会。结果是只有16%的人停止任务离开了实验室。如果实验对象互相认识的话，这个比例会上升到50%，他们会开始怀疑，并更多地抱怨正在从事的这项枯燥无味的工作。他们会评论，并提议停止工作。

■■■ 结论 ■■■

和熟悉的人在一起的感觉会使反抗权力变得更加容易，也会让我们在面对不能容忍的事情时勇敢地站出来。另有一些研究显示，感受到集体的支持能使人在面对恶势力或者主流势力时积极地进行抵抗。

17 我们可以用一面镜子来保护自己免受恶势力的伤害吗？

个人意识与对权威的服从

如果说有时候周围的人能够在我们面对恶势力时给予支持的话，有的时候我们则需要独自面对压力。在理想的情况下，我们还可以用自己的价值观来筑成第一道堡垒与之抗衡，但是，我们会陷入自身欲望和他人需求的矛盾中，后者还是社会共同生活的基础。而且，在不同的情境中，我们的表现也会随之改变。

Froming，Walker和Lopyqn（1982）根据对一份调查问卷的回答选择出一些实验对象。问卷问及了实验对象对于惩罚的态度以及他们眼中其他人对惩罚的态度，被选择的实验对象都认为其他人比自己更喜欢对人进行惩罚。

实验对象们被要求扮演教师的角色，他们需要在一项解题任务中惩罚另一个扮演学生的参与者。惩罚的方式就是要电击学生。学生其实是研究人员的同伙，他在解题任务开始前就已经拔掉了电流装置的电源，因此实际上他根本不会受到电击。在34道题目中，学生会错20个。研究人员试图弄清，当实验对象被要求做坏事时，他们的自我意识会阻止还是会促使他们服从命令。

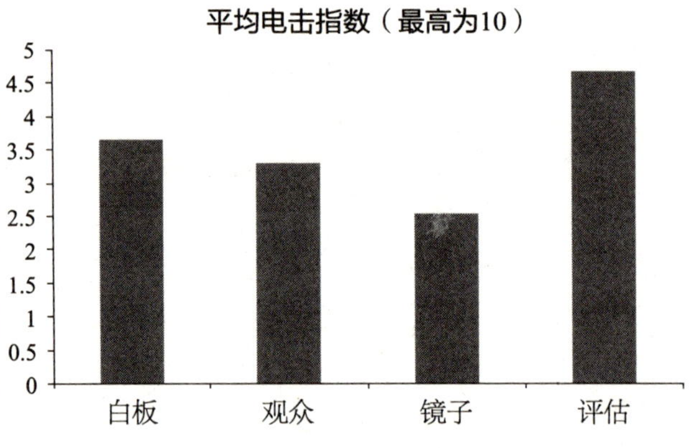

图2.1

激发自我意识的方式有以下几种：一种是让实验对象站在镜子前面（镜子）；一种是安排一位需要了解心理研究进程的人在场（观众）；还有

一种是安排一位评估实验对象表现的人在场（评估）；另有一部分实验对象站在白板前，这种方式被当作一种参照（白板）。然后研究人员测试了在学生犯那20次错时，他们受到的平均电击指数（最高为10）。我们观察到，站在白板前的实验对象施加的平均电击指数为3.64，有在场人员观摩的实验对象平均电击指数为3.30。相反地，站在镜子前的实验对象施加的电击指数要小得多，只有2.54，要接受评估的实验对象施加的平均电击指数最高，达到了4.68。

结论

随身带着一面镜子总是好的，这句话我们说再多也不过分。Froming等人并没有简单停留在这个层面的结论上。他们又进行了多项研究，最终确认了这些实验成果并对这一现象做出了解释（Buss，1980；Duval和Wicklund，1972）。

镜子引发了心理学家所提到的个人自我意识的觉醒，也就是说我们会将注意力放在一些个人的方面上，比如我们的回忆、感情等，以及本研究中涉及的我们的价值观。这个自我意识的觉醒会让我们表现得言行一致，即使在周围环境的压力下也能保持相对的独立。美国学者Du Reste Packer（2008）强调，在Milgram的研究中敢于反抗的实验对象，是能冲破险阻、坚守个人权利信仰的人，特别是拒绝继续进行一项科学研究的权利。

相反地，当有其他人评估我们时，我们会培养出一种公共自我意识，这迫使我们考虑自己在他人眼中的形象。这种意识的觉醒会使我们更在乎周围人的欲望和要求，最终导致将自我想法置于一旁而顺从他人。

18 女人比男人更容易顺服吗？

对权威的服从

当今社会流传的偏见是女人都温柔多情，关爱他人并且不善争吵。Dagot（2006）在他的著作中介绍了一项研究，其中提到如果女性不符合这个形象的话会受到指责。将所有的女人都限定在这个框架内会使我们认为女人要比男人更容易顺服。

Shanab和Yahya（1977）致力于通过一系列的研究来解答这个问题。实验对象身处于上一小节同样的情境中。他们需要听从研究人员一连串的命令，并通过自己去施加电击的方式来惩罚一位总是出错的受害者，同样，这个人其实是研究人员事先安排好的。

实验对象有男有女，年龄分别在6—8岁、10—12岁、14—16岁。

令我们不知该担心还是该放心的是，所有的实验对象都表现得很顺从，其比例与其他典型的服从权威的研究并没什么区别，而且这与他们的年龄和性别也没有关系。

结论

有时候，事实并不足以推翻已然充斥于我们日常生活里的成见。同样的，这个有关男女区别的问题在多项研究中反复出现。在这一点上，1963年至1985年的一系列研究显示出，男女两性在顺从方面没有任何差异（Burger，2009；Eagly，1978）。

19 怎样让别人开心地吃一条死蚯蚓？

服从与合理化

心理研究学者除了要求实验对象施加能给我们带来道德冲击的电击，还可能在给实验对象催眠后，试着要求他们徒手抓一把危险的爬虫，或者从一杯酸性溶液中取出硬币，甚至把酸性溶液泼到一个人脸上（Orne和Evans，1965）。当然，他们会想出各种策略来让这些实验不会真正伤害到别人。但至少，研究人员在实验过程中似乎能把实验对象“玩弄于股掌之间”。那么，为什么不要求他们吃点蚯蚓呢？下面就是一个有趣的尝试。

Comer和Laird（1975）招聘了50名实验对象，让他们首先进行一项性格测试，以便从中得知他们对自身的看法、对在实验中吃蚯蚓的看法以及其他人对此可能会有的看法。

大约一个月以后，这些实验对象被请到一间实验室里，他们会看到桌子上有各种物品，包括几个用于猜重量任务的装满水的杯子、一个放有一只死蚯蚓的盘子、一杯水、一个叉子和一张餐巾。他们同样在实验室里发现了一台可以释放电击的装置。研究人员告诉实验对象，实验规范明确指出，他们完全可以从一开始就拒绝，也可以在任何时候中止实验。

所有的实验对象都完成了猜水杯重量的任务，接着他们被告知即将要通过抽签分组的方式来完成不同的任务，其中包括吃蚯蚓。在研究人员重新布置好实验室之前，他们需要等待几分钟，在此期间他们无所事事。十分钟后，研究人员重回屋里告诉实验对象，他们一个月前填写的那项性格测试的答案已经失效，为了打发等待时间，他们可以重新填写问卷，回答他们对自身的看法，对当前局面的看法，特别是对于吃蚯蚓的看法。

几分钟过后，研究人员过来打断他们，并声称自己搞错了，正常的流程应该是实验对象自由选择要完成的任务：吃蚯蚓，猜重，或者是给自己来一下电击。

这时候两个问题出现了：在等待期间，实验对象有没有改变对自身以及对吃蚯蚓的看法？在没有被强制的情况下，他们是准备好了吃蚯蚓还是电击自己一下呢？

Comer和Laird观察到，本来就被抽签决定猜水杯重量的人，在他们有自由选择的时候仍然选择了这个任务。其他原本要被安排吃蚯蚓的人，根据研究人员的安排会出现不同的表现：

当安排他们吃蚯蚓时，80%的人会接受这个任务。相反，在告知他们要完成吃蚯蚓的任务后，实验者会问他们是否要选择给自己一次电击，这时候只有50%的人会同意。

区别在于，在等候的那几分钟里，这些人已经做好了吃蚯蚓的心理准备，而不是受电击！同时，为了接受命运，一些实验对象开始认为其实吃蚯蚓有可能并没有看起来那么恶心。

另一些实验对象改变了对自身的看法那一项，有的人承认在即将到来的痛苦面前自己缺乏勇气，有的人在不该承受的磨难前表露出一往无前的意愿。总体来说，他们改变自我看法的方式都是为了准备好开开心心地吃蚯蚓！

■■■ 结论 ■■■

这项研究从多个角度来讲都是非常有启发性的，它解释了在强调自由的情况下权力的影响。通过其他众多研究显示，推崇自由反而会让人们给自己找到充足的理由去做一件事，也因此更加容易服从权威。其他研究也验证了我们面对即将到来的苦难时的反应。Walster，Aronson，Brown（1966）和Rosekrans（1967）的两个研究同样发现，一想到要受苦，大部分人就会改变世界观，以让命运变得更易接受。我们要承受的权力就是有这种神奇的能力——让我们变得宠辱不惊。

20 精明的权术家真的会把强权藏在笑面之下吗？

权力与心理阻抗

那些惊讶于自由与权力关系的人，必须重温一下Beauvois和Joule（1981）的精彩研究，以及Beauvois在《大幻象，小条例》（2005）一书中的分析。

> 在这些研究中，Aronson和Carlsmith的实验最能回答此节标题所提出的问题。
>
> 研究人员要求孩子们根据喜爱程度来给玩具排序。他告诉孩子们不能玩排序第二的玩具，然后把他们单独留在屋子里一会儿。
>
> 研究人员还加入了一个小细节。在离开屋子

前，他向每个孩子强调，如果他们不听话，他会非常生气（轻度威胁），或者会生气到拿走所有玩具并且再也不回来了（严重威胁）。

几分钟后，研究人员重回房间，并要求孩子们根据喜爱程度重新给玩具排序。

这时，我们注意到受到严重威胁的孩子对被禁止玩的玩具兴趣大增，相反地，只受到轻度威胁的孩子们则降低了被禁止玩的玩具的排序，觉得它没意思。

■■■ 结论 ■■■

孩子们在自由被剥夺后表现出的反应是心理学家们熟知的阻抗现象。处于权力关系中的人在遇到轻微压力时阻抗并不大。需要明确的是，并不是只有孩子会受这些糖衣炮弹的影响。多项研究及相应的分析指出，权力可以轻易而不为人知地达到目的，特别是在经过伪装或是修饰后。

21 为什么有权力的人总是愿意承认有罪但不愿承认自己是罪的根源？

权力的分配与反叛

承认我们犯错并且／或参与过一些坏事，也就是承认有罪是一回事；但承认我们是这些坏事或错误的根源，也就是承认责任则是另一回事。因此，对于那些不受群众拥护的决定，当权者通常不假思索地将其归罪于某个比他们更厉害的人，比如一个国际组织或者一个经济体。

Lawler和Thompson（1978）请实验对象参与一项小组工作。研究人员会根据他们的表现来付报酬。一个参与者由于在测试中表现良好而被选为小组领导，他可以决定大家应遵守的规范，并负责给

> 包括自己在内的小组人员分配工资。然而，实验对象们接到消息称，小组领导扣下了大部分工资，这是一个不公平的事情。
>
> 同时，实验对象们还分别被告知，小组领导可以自由地决定大家的工资（责任强大）或他受到多项条件的限制（责任微弱）。
>
> 我们注意到，当小组领导责任较小时，实验对象更拥护他的决定，很少反抗（25%的反对）；当领导责任大时他们的反抗更为强烈（58%的反对），尽管在两种情况下领导的做法都是不公平的。

结论

结论似乎很清楚，当人们施展权力时可以承认一切，哪怕是最坏的事情，只要注意在解释时不提及自己的意愿就可以了。哪怕是野蛮人也能认识到责任和权力之间的相似性。有时候在加冕国王并大肆赞美他之后，人民又迅速推翻并处死了他，因为国王难道不该为日出或洪涝负责吗？

22 山中无老虎时，猴子真会称大王吗？

对权威的个人服从

有时候我们认为，在有关服从权威的实验中混合了多种形式的权力。确实，研究人员凭借他的身份而拥有了合法的权力，但是由于他本身也搞研究，所以也代表专家这个身份的权威。有一部分人也认为，由于参与实验是有酬的，那些反抗的实验对象会因此受到经济惩罚，而研究者对他们下达的命令可能被认为是经济惩罚的威胁。

将权力等同于不信任，这一点间接地表明，服从权威的人是在恐惧中进行实验的，因此他们暂时的改变在研究人员离场后也就不会持续。Milgram的一部分研究也同样确认了这一点。但是，也存在有些人可能比看起来更加听命于研究人员的现象。

Poitou（1969）在一项研究中有酬招聘了两名不知情的实验对象，还有一名研究人员的同伙。在这三人参与的研究中，那名同伙扮演上司的角色，另外两个人扮演下属。三人面对几块装有灯的牌子，需要预测两盏灯中哪一盏会先亮。他们要在按下与灯相连的开关时说出答案。上司比下属先回答，下属有两种回答的可能性，分别用A和S表示。研究包括五轮试验，从第二轮开始上司要求下属全部选择S答案。

下属们不听命令时，上司可以用处以大量罚金（重度强制）或少量罚金（轻度强制）来威胁他们，这可以导致实验对象的报酬降低。实验对象也被告知如果不听话，另外一个人的酬金也会受到影响（实验对象之间高度相互依存）或者不受影响（实验对象之间无相互依存）。最后，上司能够看到（监控）或者不能看到（不监控）下属服从与否。

研究人员统计了下属遵从上司命令回答的百分比（见图2.2）。在上级进行监控时，他们统计了两个人共同服从的情况（第二轮和第三轮）；在上司没有监控时，他们统计两名下属各自服从的情

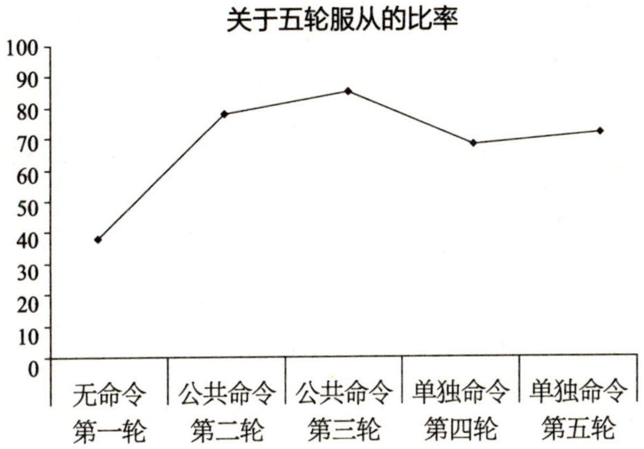

图2.2

况（第四轮和第五轮），也就是对上司命令真正的听从。

我们观察到，有罚金的威胁时下级的服从度升高，有上司监控时比没有监控时服从度要高。令我们感兴趣的是，当罚金较少并且实验对象之间也不互相依赖时，下属依然十分听话。

确实，在第一轮上司尚未下令时，下属的服从率是42%，当上级对两人一起下达命令时，服从率在第二轮中上升到79.5%，第三轮达到86.3%。当扮演上司角色的同伙看不到两名下属时，下属个人的服从率依然处在69.9%（第四轮）和73.9%（第五轮）。

■■■ 结论 ■■■

这项研究的结果十分明确。服从能从内部改变人们的思维方式。也就是说，即使老虎没有监视猴子的行为，猴子也不敢太放肆！

23 权力能带来责任感吗?

权力、价值观和做决定

我们前面介绍过的一些研究会使人认为，权力会不可避免地导致当权者的不近人情，尤其是会导致他以牺牲他人的利益为前提来满足私欲。幸而生活中有一些实例可以驳斥这个观点，一些人在负责地实施权力的同时，也会兼顾周围的人包括其下属的观点和需求。我们可以由此来思考，到底是什么使得当权者们如此迥然不同。

Chen，Lee-Chai和Bargh（2001）曾邀请实验对象参加一项研究，实验本该有第二个人在场。在等这个人到来之前，实验对象们被邀请完成一个能引入权力感的任务。具体说来，一半的实验对象要在一张表里圈出一些常用词和中性词，另一半则要圈出与权力有关的词（权威、领导、影响、富裕，等）。

在此之前，实验对象已经回答过一份调查问卷，通过这份问卷我们能知悉他们的价值观是更倾向于集体（比如“当我做决定时，我会考虑到其他人的需求”）还是倾向于交换（比如“当我付出时，我想要回报的服务”）。

接下来实验对象被告知第二个人会迟到，而原本的实验内容是与那位迟到的实验对象一起为不同的大学心理学学者完成10个练习，他们每人各做其中5个。研究人员给到场的实验对象一张表，让他先了解一下练习的内容，特别是了解完成每个任务所需时间，从1分钟到7分钟不等。鉴于另一个人要迟到，研究人员会告诉在场的实验对象，他们可以选择其中5个练习并让迟到的人做剩下的练习。

这时实验对象可以选择对自己有利的决定，也就是选5个用时最短的练习；他们也可以更负责任地选择做5个用时最长的练习，弥补另一个人的迟到，以求尽量同时完成所有的练习。

我们观察到，在价值观倾向于集体的实验对

> 象中，受到权力概念暗示的人选择了用时最长的练习（18.33分钟），受到中性词暗示的人选择用时稍短的练习（16.86分钟）；相反地，在倾向于交换价值观的实验对象中，受到权力概念暗示的人选择了用时较短的练习（15分钟），而没有受到暗示的人选择了相对用时较长的练习（17.67分钟）。

这正是成也权力，败也权力。如果人们将生活看成一连串建立在利益基础上的交换，那么拥有权力会让这些人优先考虑个人利益；但是对于那些关注他人需求、不求任何回报的人来说，权力会让他们做出负责任的决定。我们赋予权力的意义取决于我们赋予日常行为的更广泛意义。所以拥有权力并不一定导致人人为己。

责任的问题引申到具体社会上的某些方面则表现得更为尖锐，比如水、能源等资源的分配，以及赡养老弱病残群体的财政支出等方面。在这一点上，我们有时会惊讶地发现，当权者和基层人民的意见相左犹如鸿沟。

然而，我们期望权力能够根据自己做出的决定对别人造成的影响来提前预知并及时纠正自己当下的决定或行为。Wade-Benzoni，Hernandez，Medvec和Messick（2008）研究了权力对涉及别人利益的决定所可能产生的影响。

在他们的一项研究中，实验对象会获得底薪5美元，另有7美元的发放会根据他们做出的决定而变化。决定是匿名的，并且研究人员不在场。实验对象（第X代）要做出决定：要如何与下一批参加研究的人（第X+1代）公平分配这7美元。研究人员让实验对象把留给自己的钱放在一个信封里。

研究人员通过一个任务来操纵权力，他们给实验对象展示了一些与权力有关的词（如权威、领导、影响等）来激发他们的权力意识，或者通过展示中性词（手表、咖啡、房子等）而不去激发它。

实验对象还要填一份问卷，根据他们的回答我们能了解到他们是否能意识到自己的决定会对其他参与者产生影响，以及在他们看来这是否是一个对他人负责任的决定。我们以此来判断其社会责任感。

我们注意到，在7美元的分配中，被激发权力意识的人认为不多拿钱更公平一些（平均为4.51美元），而没有被激发此意识的人则给自己留的钱更多（平均为5.05美元）。我们也同样观察到，对于被激发权力意识的实验对象来说，社会责任感在判断公平时起到了重要的作用。

■■■ 结论 ■■■

这项研究证明，**权力并不总是不负责任的代名词**。它也证明了**只要当权者对集体利益有一点点的关心，价值观就能影响他们的决定。**

第三章

权力的腐败

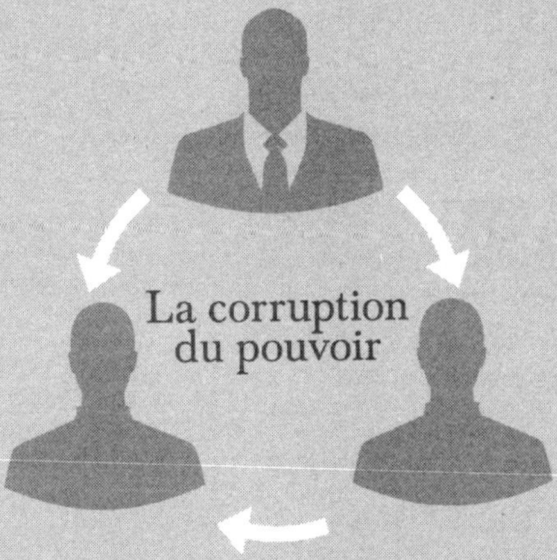

24 权力会有损效率吗？

选择权力还是效率（I）

管理者们的言论经常让人觉得所有能让公司变得更有效的措施都是好的。然而，从一个旁观者的角度我们可以看出，有时候他们对其他事情的关注远远凌驾于效率之上。

Gangloff（1996）找到55个高级管理层作为研究对象，其中有37位在私企就职，18位在国企就职。他向实验对象们展示了一系列问题案例。在这些案例中，人们可以对某些事件进行决策。而这个决策要么是有利于提高机构效率的，要么是有利于保护个人权力的。

比如他向实验对象们介绍了Michel Jantet的案例。这位市场营销负责人独自在这岗位上坚守十年，并对这份工作钟爱有加。然而人事部门建议他对几位营销主任进行培训，并且其中有几位就对负责人这个职位虎视眈眈。工作人员就问实验对象，如果是他们，他们会不会接受这个建议（接受的话可以使公司提升工作效率，不接受的话可以保护自己的权力）。

另一个案例描述的是一个非常优秀的员工，他把车停在了领导的停车位上。这一挑战领导权威的举动使他可能被辞退。实验对象们要说出他们是把该员工辞退（对保护自己的权力有利），还是留住他，因为毕竟他非常优秀（对公司的效率有利）。

实验对象们做出的选择表明，高层领导们，不管是私企领导还是国企领导，大多数都会选择保护自己的权力。

■■■ 结论 ■■■

权力似乎有时会妨碍公司变得更高效。Gangloff的研究表明了人们一旦沉迷于权力之中便无法自拔。另一个看问题的角度是：有时候保住权力也是一种寻求效率的方式，尤其是当权力的稳定对于公司的生存有决定意义时。

25 当对权力的保护损害集体利益时呢？

选择权力还是效率（Ⅱ）

我们注意到，在某些情况下，对权力的保护会损害公司的利益。因此，我们不得不问：个人利益（权力）和集体利益（效率）之间的关系到底是怎样的？Maner和Mead于2000年进行了一系列研究。研究的目的是试图探究在什么样的条件下会出现个人权力高于集体利益的情况。

> 实验对象被邀请参加一个集体活动。他们被告知，如果想知道自己未来在这个集体中所扮演的角色，他们需要回答一个问卷。通过这个问卷，我们可以看出他们如何看待权力，是把它看成别人

对自己的一种认可（威望）还是自己对别人的一种控制（统治）。根据回答结果，他们会知道自己是否能在一个三人小团体中扮演领导的角色。

接下来他们的活动就是指挥这个团体，并对手下的另两个人进行评估。同时每个团体之间又有所不同，对于一部分实验对象，研究人员向其介绍了他们各自的角色。而对于另一部分实验对象，研究人员则特意告知他们，在活动过程中他们的权力随时有可能被废除。

实验对象们要通过词汇联想猜出一系列单词（比如壳、白色、打：要猜的词是鸡蛋）。每一个实验对象都有可能从他的同伴那里得到一些提示或者给予他的同伴一些准确度不一的提示。

人们观察到那些控制欲越强，觉得自己的权力时刻都受到威胁的实验对象越不想把对的提示告诉他们的同伴，而想把它留给自己。相反，对于那些不是非常愿意控制他人的实验对象，威胁对他们没有任何影响。

因此对权力的渴望以及对威胁的感知这两个因素会使掌权者不惜牺牲集体利益来保护自己的权力。这里所说的威胁主要是因为人们不确定能够保持自己在团队内部的地位。而另一种情况也经常出现，我们在Gangloff的研究中已有所了解，那就是那些才华横溢的人也往往会被领导们看成一种潜在的威胁。

> 第二个研究与第一个的情境设置基本相同。研究对象要参加一个团体活动，但是在此之前，他们已经通过回答一个答卷而被选作领导。然而，每个团体之间还是有所不同。实验对象们知道他们队员的成绩，但是不同之处在于：一种情况下，团队的另外两个人没有他优秀；但是另一种情况下，团队的两人之一比实验对象的得分要高。
>
> 在研究过程中，实验对象们可以指出组内的哪个成员应该被开除。我们因此观察到，实验对象的控制欲越强，越觉得自己的权力时刻受到威胁，他们就越会排挤那位得分比自己高的优秀的队员。

■■■ 结论 ■■■

这两个研究清晰地表明，对权力的保护可能有碍效率的提升。这一点也与Gangloff的研究结果相吻合。保护自己权力的方式主要有两种：不让他人获得适当的信息，或者是排挤那个对团体最有用处的人。

这种为保护自己权力而不顾集体利益的倾向也不是一成不变的。在另外三个研究中，Maner和Mead证实当**有一个**

外部团体对其构成威胁时，人们对效率的追求就会战胜对权力的追求而再一次占上风。这一点非常重要，因为我们要考虑到，不管是在公司中还是在社会上，权力所处的永远是一个充满竞争的世界。

26 是不是对他人的控制越大对自己的控制就越小？

自我控制、社会权力和反弹效应

有时候我们会尝试将某个想法或画面从脑海中驱逐出去，因为它让我们感到混乱或者是难受。因此，一个试着戒烟的人会尽力在脑海中驱逐他习惯的抽烟的画面。但其实不管怎样，在这种情况下，我们越努力驱除这些想法，它们就越会在脑海中挥之不去，直到让我们无法自拔。

我们施加在自己身上的权力似乎是有相对性的。Guinote（2007）针对这个众所周知的现象展开了一系列的研究。在研究中，她将人们施加于自身的权力和他人的权力置于一种对立的状态。

在研究的开始，实验对象们填写了一个调查问卷。他们认定这个调查是用来衡量他们的创造潜力的。

工作人员跟其中一半的实验对象说结果显示他们很善于解决问题，并说他们在接下来的研究中会成为工作者。而另一半的实验对象则被告知答卷结果显示他们善于测量创造力，这也就赋予了他们评估师的角色。

此外，工作人员告诉评估师他们参与就可以挣到六美元，而告诉工作者他们可以挣到四美元，并且如果评估师肯定他们的工作，他们可以额外获得两美元。因此，评估师们就有决定工作者工资的权力。

实验对象接下来的任务就是描述一个美国黑人的一天（Jeff）。对其中一半的实验对象，工作人员什么都没有细说；而对另一半的实验对象，他们指出之前的研究表明人们总是按照一种对美国黑人的偏见来进行描述，并要求他们坚决杜绝这种情况。

这样我们在实验中就面临着四种情况：一方面是那些有权力的实验对象（评估师），他们中一部分要控制自己对黑人的偏见，而另一部分没有被这样要求；另一方面是那些几乎没有权力的实验对象（工作者），同样地，他们中的一部分被要求控制自己的偏见，而另一部分则没有被如此要求。

然后，所有的实验对象都被要求根据一些社会对黑人固有的一些评价（比如穷，懒，不聪明，等）来评估一个叫作Jeff的人。

第一项任务（想象Jeff的一天）的结果显示当实验对象没有收到控制自己偏见的指示时，他们会表达出更多针对美国黑人的偏见。并且有权力与否似乎对Jeff一天的描述没有影响。

然而，在第二个要评估Jeff的任务中，那些有权力并且之前被要求控制自己偏见的评估师表达出了更多的偏见；而未被要求的实验对象偏见则较少。

■■■ 结论 ■■■

这些实验对象身上的这种现象正是我们所说的反弹效应。具体来说，就是之前曾被掩饰的一些想法之后也会更汹涌地袭来，并且不受当事人意愿的控制。因此，**权力的拥有和对他人的控制确实会减少我们对自我的控制。**

在日常生活中，这种现象带来的后果不可小视。比如，对于一个应聘者来说，主导面试的面试官有着很大的权力。那么当面试官有某些偏见而应聘者又似乎与这些偏见相吻合时，这个面试官很可能很难控制或克制自己将这些偏见都表达出来。一个监狱的教育改造人员和狱警若了解自己教育和监查对象的过去，可能也很难摒弃自己的某些想法。这一点对于所有拥有权力、可以控制他人的人来说都是适用的。

27 为什么我的头儿总在催我？

权力和时间的感知

合理利用时间在我们的日常生活中，尤其是在工作中，非常关键。有些员工会因为自己不会合理把握时间而感到非常紧张，而也有人希望自己在工作中所花费的时间得到更多人的认可。对于公司来说，时间管理是评估员工的一个重要标准。但有时候领导留给员工的时间太少，使他们不可能在期限内完成任务，因此这也经常引起两者的不合。

在Weick和Guinote（2010）进行的一项研究中，研究人员通过邮件联系了一些大学生并给他们布置了一份作业。研究人员要求他们预估一下自己完成并上交这份作业所需的时间。同时，大学生们也需要回答自己在日常生活中是否享有控制他人的权力，比如说是否总能从他人那里得到自己想要的东西等。

在他们上交作业两星期后，研究人员再次联系了他们并告知了他们做这份作业实际所用的时间。

Weick和Guinote观察到那些越是声称自己在日常生活中拥有权力的人，越会在一开始就低估完成这份作业所需的时间。

■■■ 结论 ■■■

其他研究也证明，不光是我们实验中这些感觉自己拥有权力的人，就连那些实际拥有权力的人，如果让他们做一项预估的话，也会倾向于低估做某事所需的时间。

这也就回答了这一章节的题目所提出的问题，也就是为什么在公司里，员工和领导之间很难在工作期限这个问题上达成一致意见。同时，对时间的误估经常会导致一些错误的决定。

28 权力会不会妨碍我们正确地看待自己和他人？

权力和对成就的估计

有时候我们会感觉自己在工作中付出的努力没有被完全承认，并且不管我们怎么做，我们的上级总是在不公正地看待我们。

同时，我们在现实生活中都有跟领导打交道的经历，这些领导往往会自视甚高而我们又往往不敢苟同。这些认知差异是不是由我们在工作中是否拥有权力所决定的？

Georgensen与Harris（1988）比较了25个实验的实验结果。这些实验有的在实验室内进行，有的是实地进行。但是它们都有一个共同的研究目的：

就是研究一个人拥有的权力与其评价自我及他人的方式之间的关系。

这些研究证明一个人拥有的权力越多，就越会积极地评价自己。而相反地，也越会觉得别人的能力很一般。

结论

这个研究清楚地表明：不管是在实验室中还是在实际工作中，对别人成就的评价总是充满了主观因素的。这也就告诉我们，当需要对某人做出评价时不能只听取他领导的片面意见，而要集思广益。这一点非常重要。但不幸的是，现实生活中人们偏听偏信的情况还是占大多数。

29 有权力就可以色胆包天吗？

根据权力对性侵的不同感知

那些最想得到权力的人往往是那些觉得命运不会轻易垂青他们的人。因此，一旦被权力冲昏了头脑，这些人便会觉得权力极其美妙。而权力对他们的巨大吸引力往往会让其走上一条荒唐的道路，比如传说中古代领主们享有的中下层女性的初夜权。Sanchez-Mazas（2004）强调说，骚扰他人的行为确实是来自于对别人的控制欲。

Hendrix（2000）曾对性侵的认知这个话题进行研究。他的实验对象包括一些空军学校的学生、普通大学生，还有一些企业员工。这些实验对象需

> 要判定以下哪些情景中的行为属于骚扰行为：包括对他人的外表品头论足的场景、抚摸的场景等。
>
> 这些情景有时候描述的是一些上级领导，有时候则是一个普通的同事。
>
> 实验结果证明，就算实验中领导和同事的行为都是一样的，实验对象们也更多地把上级领导的行为看成性侵行为，而不太会把同事的行为看成性侵行为。

结论

这些对权力拥有者的成见会带来很大的问题。当然了，这些成见也代表了一部分事实。但不得不说权力与性之间的关系确实非常微妙，并且有些人的确会滥用自己的权力。因此在2002年的一项研究中，Begany和Milburn证明了：一个性格越霸道的男性，越容易有性侵行为。这可能也是因为这种性格的人对强奸妇女有一些错误的想法（认为她们赞同，并且毫无抱怨根据等），并且他们对女性也持一种歧视的态度。这些不光是个人性格的问题，性侵犯的另一个重要原因就是权力行使的不恰当。

30 权力会激发工作中的暴力行为吗？

权力及其带来的社会心理风险

权力通常被看作一种粗暴的形式。那些行使权力的人总是被怀疑利用别人，并且被看成无利不起早。并且，某些粗鲁的行为往往被说成为了完成目标而不得不为之，好像这样它们的存在就合理了。

> Kipnis（1972）邀请一些实验对象来进行角色扮演。这些实验对象要扮演的是经理的角色，并且他们要监督管理四个正在副楼接受培训的大学生。他们的任务是让这些大学生在工作中尽可能变得高效，并且这些大学生在工作中是可以得到

工资的。实验对象们可以观察大学生们工作任务的完成情况，也可以通过一个麦克风跟他们进行交流。

在第一种条件下，管理者有权在金钱上奖励和／或处罚大学生，又或者能直接将他们开除（强势权力）；在第二种条件下，管理者只能靠强调自己身份和自己说服他人的权力来进行管理（弱势权力）。

人们观察到：与拥有弱势权力的人相比，有强势权力的管理者更愿意通过交流来影响大学生们。当管理者被问及学生们的工作质量（能力，再次合作意向或是提拔该学生当管理者与否）时，研究人员观察到与弱权管理者相比，有强权的管理者更倾向于贬低学生们的工作。

同样地，两者相比，有强权的管理者不怎么想与学生碰面，而有弱权的管理者则更愿意与学生碰面。并且有强权的实验对象们表达出了更多的想要操控他人的欲望，以使其更大程度地投入工作中。他们对工作中人性化的一面表现得并不感兴趣。

最后，管理者要通过三个原因来解释学生的成就：学生的工作动力，他对工资的渴望或者是管理者为了使之工作更完善而给他的命令。强势的管理者们更愿意把学生的成就解释成受金钱的诱惑，

> 也就是他们自己行使的奖励权。而弱势的管理者则更多地解释成学生的工作动力使然。

Kipnis的这项研究证明了权力的组织形式会影响工作氛围。而在其他机构进行的研究也证实了那些以完美为借口的粗鲁管理是多么普遍。其结果就是员工最终被看成一个简单的、没有任何价值的物品。

因此，权力有可能激发一系列带有恐吓和精神骚扰性质的言行（Hixon，2009）。比如，Turkey，Dollard，Hosking和Winefield（2009）观察到那些对同事有骚扰言行的警察往往是比被骚扰者级别更高的。这里所说的骚扰行为包括一些不理智的、让人无法接受的行为，或是一些带有辱骂、恐吓甚至羞辱性质的行为。

与此同时，面对这样的暴力行为时工薪阶层往往也不会善罢甘休，并且他们经常会以暴制暴。因此我们经常可以听到一些关于反抗专断权力的新闻，比如罢工，甚至是劫持公司的高管和领导等。这些都是因为上层做了一些让他们不可接受的决定，所以他们觉得无法再忍。

在Simard、St-Sauveur LeBrock、Lafrenière、Leblanc、Duval、Girard、Savoie和Brunet 2004年做的一项研究中，329名在职员工参与了他们的一个问卷调查。而这些员工来自教育、保险、食品、交通和零售业等不同领域。这个问卷可以让人更好地了解公司中各种权力的关系，并理解近6年发生在这些工作领域中的一些异常行为。

> 研究人员问这些员工是否能够不经上级领导同意或批准就做一些事，或者不根据规章做事等。通过他们的回答，工作人员可以了解该公司内部权力结构的性质。
>
> 员工们还要描述哪些行为算是异常行为（因私使用公司器械、不遵守规章制度、骚扰、人身攻击等）。
>
> 我们观察到：一个公司的权力越集中，实验对象就会越多地承认自己经常在工作中做出一些异常行为。权力集中也就是指决定都是由上层做出，并且未曾征求基层同意。

■■■ 结论 ■■■

其他一些例子也可以解释这个现象，比如工作氛围或者是公司内部的公平公正问题。但是不管是考虑到这个现象给员工个人带来的影响（健康、压力等）还是考虑它对公司层面产生的影响（生产效率、缺勤现象等），我们都会发现这类研究的意义是非常重大的。

31 权力是否会引起同事间的不和？

权力、共识和心理抵触

在一些机构中，人们作某项决定时总是想尽可能得到员工的赞同或利益相关者的支持。达成共识似乎是一个团队团结和集体参与感强的最好表现。

> 跟很多社会心理学研究一样，Conway和Schaller（2005）邀请一些实验对象参加一个角色扮演游戏，并且每个人的角色都是提前决定好的。在一个公司中，实验对象们要充当员工的角色，并且要为一项信息技术设备的采购做决定。在咨询了其他员工之后，一个共识渐渐达成。大家准备采购Wobblenet

这个品牌的产品。

研究人员向他们指出这个公司的董事长是一个追求权势并且排除异己的人。他们其中一部分实验对象说这个董事长同意购买Wobblenet这个产品，而跟另一部分实验对象说董事长避免给出自己的意见。

并且，在员工们一致决定购买Wobblenet产品几天之后，董事长给一部分人打电话提醒他们说自己仍然是他们的上司，并且他们要向自己汇报采购情况。而向另一部分人说他要离开公司，并会由新的领导来代替自己。

实验对象须决定到底是买wobblenet还是另一个竞争品牌nethawak。

表3.1　关于Wobblenet的采购决定的意见分布（总分为9分）

同一个领导		换领导	
无意见	有意见	无意见	有意见
4.75	4.55	5.80	2.15

通过提问，研究人员注意到：只有当董事长避免给出自己的意见时，实验对象才会觉得选择Wobblenet纯粹是因为它的产品质量。一个权力巨头的压力会改变人们对一项决定的拥护程度。

> 关于实验对象的决定，研究人员观察到：当董事长没有给出自己的意见时，最终选择Wobblenet的可能性会非常大（平均值为5.3，总分为9分）。但是当他对产品的选择进行施压时，这个可能性就会变小（平均值为3.3）。这一现象在另一种情况下达到巅峰，那就是在董事长施压，然后他又被另一个老板代替时（平均值为2.2）。

结论

上级表现得过于强势会打破人们之间的共识，甚至可能使团队走向一条不团结的道路。Conway和Schalle进行的研究对这个现象有了一个初步的解释：**当我们感觉自己的选择权受到威胁时，我们的反应就是做一些可以修复自己自由感的事。心理学家又称这种现象为反弹现象。**

32 权力会改变我们的道德观吗？

权力和社会道德评判

当用道德标准来评判某一行为时，有些人只想参照那些在社会上被共同遵守的标准或准则，比如禁止偷窃、禁止杀人等。这种道德准则是在任何情况下都要遵守的。而另一些人则会在判断某些行为的好坏时考虑这些行为的结果及其发生的背景。Lammers和Stapel（2009）就致力于研究权力会不会引导我们的价值观走向这两种思维方式的某一种。

研究人员让实验对象处于一个道德上两难的境地：高中生Carole答应了去看她的朋友Corinne并帮她解决一些个人问题。然而这时她班上新来的一个学生Tina邀请她去剧院。所以Carole就要在两者之间进行选择，要么选择对Corinne忠诚，要么选择向邀请自己的新同学Tina表示友好。

为了在其中引入权力的概念，人们让实验对象做一个找字游戏。就是一个表里有交叉的132个字母，实验对象要在其中找到并圈出其中对应强势权力的词（如控制、影响、权力、权威）或者是弱势权力的一些词（如附属、无能、依赖、服从）。

在进行了这个权力概念的引入环节之后，实验对象们开始了解Carole的决定：要么她决定拒绝Tina的建议，要么相反地，她决定取消与Corinne的约定而陪Tina去剧院。这时实验对象需要说出他觉得Carole为什么做出这样的决定。

研究人员观察到，有的实验对象偏向Corinne而有的则偏向Tina。人们还观察到：那些权力感较强的人主要通过参照道德标准来解释Carole的决定（承诺的事就一定要实现，向新同学表现出欢迎是一件好事）；而那些权力感较弱的人则大多通过这个决定的后果来解释Carole的行为（Corinne需要有人来帮助她解决问题，Tina需要新朋友，否则她会在新班级里感觉孤单）。

我们的道德观似乎确实是受权力感影响的，并且在道德方面，强权的人和其他人的想法截然不同。

然而，我们也可以说这个案例中Carole所做的决定带来的后果是无足轻重的，并且这些判断也并不十分重要。也就是这个原因引导Lammers和Stapel又进行了另一个更贴近职场生活的研究。

> 工作人员让研究对象回忆他们生活中曾经历的拥有权力或忍受权力的片段，并以此来引入权力感的概念。然后他们让实验对象仔细讲解了整个事情的过程和他们的感受。最后他们就让实验对象陷入了一个道德上的困境。
>
> 第一个困境是这样的：一个年轻女性陪丈夫去医院，竟意外得知丈夫还有几个月就要离世。她知道丈夫一生中最大的心愿就是去非洲旅行，所以就让Lawrence医生暂时不要告诉丈夫这个消息。这样她就可以组织这次非洲旅行。但是医生的职责就是将真相告诉自己的病人。所以实验对象就需要回答Lawrence医生应该怎么做，是推迟告诉病人的时间（建立在考虑后果基础上的道德）还是实话实说（建立在遵守规则基础上的道德）。
>
> 第二个困境是一个发生在德国的真实故事：一个儿童绑架犯在去拿赎金的时候被捕了。由于他拒绝说出孩子所处的位置，负责这桩案件的警察就决

定用酷刑来威胁他。绑架犯最终说出了孩子的位置，但不幸的是，人们到达时孩子已经死了。了解了这个故事之后，实验对象需要指出面对这样的情况时，他们是否可以对绑架犯施加心理压力，剥夺他吃饭和睡觉的权利或使用肉体上的暴力。要知道这三种行为从道德准则的角度来看都是应该受到谴责的，但是在考虑到后果时，是可以理解的。

正如人们所料，与权力感较弱的人相比，权力感较强的实验对象会更多地决定马上将事实告诉病人。同样，权力感强的人也会拒绝在绑架犯身上使用任何形式的报复行为，这个也是与道德准则相符合的。但权力感较弱的人则有所不同。

结论

在现实生活中，第二个故事中那个处于困境中的警察最终被判刑并且欧洲人权法院再次重申禁止使用酷刑。“准则的好处就是不管在什么情况下都不会妥协”，一位享有很大权势的De Talleyrand先生如是说道。

这些结果让我们理解了日常生活中发生的很多现象。比如当领导宣布解雇某人的时候，他们并不会考虑这个决定会给别人带来什么后果。

就个人而言，这些研究结果使我思考一个问题：道德会因为一个人的身份而改变吗？

33 我们解释世界的方式也是权力的标志吗？

权力、异常及正常行为的归因

不法行为发生的原因一直是公众热衷讨论的话题。有人用贫穷或学校未尽职来解释犯罪行为，而有人则用利益的诱惑、想走捷径又或者是罪犯本身的犯罪倾向来解释。但这两者要指控的对象并不完全相同。并且若第二种属实，没有人保证自己能从一个三岁小孩身上看出他日后有成为罪犯的潜质。

> Abdellaoui，Kouabenan和Gilibert（1998）向一些犯人和狱警解释一些异常或正常的行为。
>
> 异常行为主要包括一些偷车、漏税、开车超

速等行为。正常行为主要是在公交车里让座、在公共场所捡起地上的纸屑或者是帮助无家可归的人等。

实验对象主要通过个人因素（个人意愿、性格）或背景因素（形势、机会）来解释这些行为。并且，这些解释要么不会因为时间和事件（人格）而发生改变，要么会根据情景而发生改变（机会）。

比如，实验对象会用性格上的缺失，或者是用不听从他人建议等原因来解释毒品的使用。他们还会通过生活在一个问题街区，或者是没有机会摆脱毒品来解释这一行为。那些以性格和不听取别人建议为基础的解释主要强调犯罪者的个人原因，而那些以生活地点或运气不佳为基础的解释更强调社会背景原因。与此同时，那些以性格或街区问题为基础的解释并不太会改变。但是那些以运气不佳或不听别人建议为基础的解释则很有可能改变。

这些研究人员也观察到实验对象主要是通过个人意愿而不是社会背景来解释正常行为。这些行为也确实不太会引起人们的讨论。并且如果说这些正常行为的主要原因是个人高尚的品格而不是社会背景，那么每个人都会觉得受到了夸赞。此外，与罪犯相比，狱警会更多地觉得异常行为是一种持续而稳定的行为。

在这个实验中，权力改变了对犯罪行为的解释。对罪犯来说，说这些异常行为是有可能改变的就给自己留下了改过自新的机会。

对狱警来说，认为这些犯罪行为不会发生改变就可以解释一切。这也就让他们总是能够抓出那些冥顽不化的罪犯，也使他们能够辨别出那些生性就对犯罪免疫的人。从这个角度来看，这种看待世界的方式能够使他们准确地预测未来，也能更好地控制这些犯罪行为。

■■■ 结论 ■■■

我们对某些事件的解释也是权力的外在表现。因此我们就更容易理解某些言论的目的，比如那些说成年罪犯的行为主要源于他们童年经历的言论。在遇到困难时，这种寻找稳定性和控制的趋势也存在于其他社会领域。比如当需要解释学业失败及其后果时，从学校机构的角度出发作解释就会跟从问题学生及其家庭的角度出发有所不同。

34 权力是否总让人联想到性?

权力与性之间的联系

人们通常会以同一种方式来谈论权力和性，因为它们都跟快感、征服和激情有关。这些语言层面上的相似性应该是因为我们在内心深处都坚信这两者是相连的。

在Zurbriggen（2000）的一项研究中，实验对象需要做一项决定。这其中既有男性也有女性。研究人员向他们展示了几组字母，他们需要指出这几组字母能不能构成一些词。研究人员衡量实验对象给出的答案并计算他们回答问题所需的时间。在这几组字母中，人们塞进了几对跟性和权力有关的词（如，胸和暴君）还有一些中性的词（如，杯子和雨）。

如果实验对象能够更快速地找出那几对跟性和权力有关的词，就说明实验对象在脑海中自动将性和权力联系了起来。

实验结果证明实验对象不管是男性还是女性，确实能够更快地找出将性和权力联系起来的那几组词，而不是那几组中性的词。

还有很多研究也证实了人们会自动地将权力和性联系起来，比如Bargh，Raymond，Pryor和Strack于1995年所进行的研究。我们经常会在职场上找到这种关联，但有时候也会在个人生活中找到这种关联，尤其是在我们自己的想象中。

那些跟权力有关的性幻想，它们的主题既会是征服对方，也会是被对方征服。关于我们私生活的这一面，周围人的态度有接受、有宽容，但我们自己总是觉得这是一个禁区所以会感到有一些压力，有时候这个话题更是连谈都不能谈，因为人们暗自担心这种过度丰富的想象会不会带来一些滥用。

Zurbriggen和Yost（2004）招聘了一些21岁到45岁的男女实验对象，他们都是一些来自各个种族的已婚或未婚的异性恋人群。一开始工作人员通过电话联系实验对象，后来则要求他们通过邮件回答一系列的匿名调查问卷。

在这些问卷中，他们需要描述自己最喜欢最经常幻想的两个对象。他们要尽可能多地描述细节，尤其是关于场景、主角、他们自己的角色和他们的感受等细节。他们的回答能够为某些关于权力（控制和／或服从）、欲望和快感的研究提供素材。通过分析，人们也可以了解他们的态度以及某些想法，尤其是对于强奸的想法。

各种研究证明，男性既会有征服的幻想也会有被征服的幻想。而女性则会更多地幻想自己被征服。男性既会幻想自己的欲望也会幻想女方的欲望。而女性主要集中幻想自己的欲望。并且，男性幻想时会更关注对方的快感，而女性则只会关注自己的快感。

实验证明，在女性的幻想和实际态度之间并没有太大联系。而男性越表达一些征服的幻想，就越容易相信那些将强奸合理化的错误说法（比如，他们觉得是女性的着装和行为引起了强奸，他们认为女性就某些事撒谎，甚至觉得她们活该被强奸）。相反地，那些有被征服幻想的男性就不太容易相信这些关于强奸的鬼话。

■■■ 结论 ■■■

当然，这些实验结果仅仅是靠收集调查问卷得来的。这次实验的性质及方法并不能使我们断言这些人所说的话一定会在他们的行为中有所表现。更具体点说，我们不能从这个研究中得出结论：有某种幻想就会激起某种犯罪行为。但是这个研究确实证明，我们的幻想可以通过我们的某些重要想法或态度表现出来。

第四章

权力的享用

35 爱人之间的相处也和权力有关吗？

权力行为与爱人之间相处

权力并不只存在于社会或公司之中，它无孔不入，在友谊和爱情中也不例外。Falbo和Peplau的一项研究也证实了这一点。

> Falbo和Peplau（1980）曾采访过一些同性和异性情侣，以了解在情侣关系中他们的日常表现。根据他们的回答，研究者发现了13种不同的权力手段。
>
> 这些手段可以是直接或间接的。比如，明确地提要求、讲述自己的感受或者试图进行讨论都

是对待另一方比较直接的行为方式。而哭泣、高兴、暗示或让对方猜测自己的想法则更为间接。

这些权力手段也在互动性上有所差异。因此，劝说、反复要求直到对方妥协以及商议两人的相处模式等手段，都需要和另一方有交流（双边策略）。相反地，给对方绝对自由来获取自己的独立，或顺其自然不闻不问这些手段则意味着想与对方保持最大限度的距离（单边策略）。

从这方面来看，在异性情侣中，男人会更多地采取直接和双边的方式，而女人则更喜爱间接和单边的方式。在同性的情侣中我们看不出以上区别。同样的，追求平等的情侣更容易采取单边的策略，对对方的控制欲则会促使人们采取双边的策略。

情侣的不同表现也推动了其他学者的研究，他们开始探究情侣关系的形式和采取特殊手段两者之间可能存在的关系。这也是Howard，Blumstein和Schwatrz等三人研究的目的。

三类情侣——异性情侣、男同性情侣以及女同性情侣被邀请参与一项调查。每个人都需要回答以下问题："当您的伴侣想从您这里得到什么东西时，

> 他习惯于……”后面加上Falbo和Peplau描述过的那些不同权力手段。
>
> 研究者也通过衡量对爱人的依赖程度以及双方感情的投入程度来了解爱人之间的权力结构。他们询问实验对象：分手会让谁更痛苦（依赖程度）？在这段恋爱关系中谁最投入（投入程度）？
>
> 结果显示，依赖性更强的一方更倾向于借助于泪水、生病、求助来乞求对方。而投入更多的一方则会更多地运用一些控制手段，比如暗示、讨好、引诱或者强调自己曾经的付出等。

研究并没有指出那些尽力保持平等关系的情侣是怎么做到的，也没有点明哪种手段更有效。这些都是开放性的问题供后来者研究。

同时，我们也不知道自己对另一半施加的权力会让彼此更加恩爱，还是会反过来损害这份感情的基础。

> Stewart和Rubin曾要求一些未婚的异性情侣填一份问卷，调查他们对这段恋爱的满意程度。
>
> 实验人员还让情侣们回答一份问卷，以衡量他们的权力欲，也就是他们想影响或控制另一半的欲望。
>
> 研究人员在两年后重新联系了这些情侣，并询

问他们这段恋爱是否延续至今以及双方是否已结婚。我们观察到，在第一次调查中，男方权力欲越强，对情侣关系的满意度就越低。他自己也认为未来会有更多的冲突。两年后，在男方权力欲较强的情侣中，他们的分手率高达50%，而对于男方权力欲较弱的情侣来说，他们的分手率只有15%。并且男方权力欲越强，情侣能结婚的概率就越低（9%），而男方权力欲较弱的情侣中则有52%最终步入了婚姻的殿堂。女方的性格则不会带来这种区别。

■■■ 结论 ■■■

权力似乎深深影响着我们的恋爱和婚姻生活。我们适应对方权力的方式、所能感受到的满足以及感情关系的延续无不深受权力的左右。

36 权力能使人幸福吗？

权力与满足

权力能引发某种狂热的兴趣，它对人的吸引力似乎是永恒的。这不禁会让人想到，行使权力可能是个人得到满足感的源泉。

> Berdahl和Martorana告知实验对象，他们有可能参与一个讨论组并赢得最多300美元的奖励。实验对象被分成一个三人小组，其中有一个被选定作领导，他负责组织小组讨论并在小组内部分配这300美元的酬劳。
>
> 实验对象随即进入一间屋内，小组领导坐在

一把柔软的布扶手椅上，面朝两名下属。而下属们则坐在简单的塑料折叠椅上。然后实验对象展开大约十五分钟的讨论。

接下来，他们回答了一份问卷，研究人员通过他们的回答得知每个人在讨论中的权力感以及个人心情。研究人员赋予的领导特权使他的身份变得理所应当——他有权力分配酬金并坐在扶手椅中。承担小组领导角色的实验对象比扮演下属的实验对象更能感受到权力的存在，他们也承认体会到了更多的积极情绪（幸福、对活动的兴趣）而不是消极情绪（对同伴的蔑视、羞耻、恐惧）。扮演下属的人回答则完全相反，他们更多地体验到了负面的情绪。

权力从来都不是单方面存在的，如果说我们拥有的权力可以提升我们的幸福感，那么别人对我们施加的权力则很有可能减少我们的热情。

Langner和Keltner（2008）试着验证这个想法。他们要求一些参加实验的情侣指出各自拥有的权力（另一半对决定的影响，对闲暇娱乐活动的影响等）。有趣的是，男人认为妻子拥有的权力比她们自己承认的权力要更多……

研究人员请他们共同完成一项活动，然后通过一份问卷来衡量每个参与者所感受到的积极情

> 绪（幸福、爱等）和负面情绪（愤怒、伤心等）。实验对象体验到的权力与其感受到的情绪之间的关系告诉我们：处在情侣关系中的人越认为自己拥有权力，他和另一半在一起时就越能体验到积极的情绪。同时，如果他认为对方拥有的权力更大，他就会感受到更多的消极情绪。

结论

当然，情绪与权力之间的关系存在于各种类型的关系之中。只要别人不在我们头上弄权，我们所拥有的权力就有可能促进幸福感的产生。

此外，权力也有其他的好处。它能让人们更关注奖励，能激发积极的情绪和欲望，并且消除抑制。被剥夺权力者则常会因感到身处威胁之中，而表现出更为消极的情绪，比如担忧、恐惧、内疚等。他们在生活中也会因为被身边的人约束而畏首畏尾。

37 权力会使人变得好色吗？

权力与性指数的感知

“萝卜白菜各有所爱”，每个人对美貌都有自己的看法。正如Singh等研究者指出，不论年龄、社会阶层和性别，人们总是更喜欢中等体重的女性，并且尤其喜欢腰围（肋骨下方最细部位）和臀围（臀部最宽部位）比例（WHR）在0.7左右的人，因为这个比例能主观上反映出女人的生育能力。

> 在Schmalt的研究（2006）中，实验对象面前有十二张不同女性的照片，有偏瘦的、偏胖的、中等的。每一个身材类型中又都有腰臀围比例在0.7、0.8、0.9和1的四名女性。

> 研究人员衡量了实验对象想获得权力的欲望是否强烈。然后实验对象需要针对每位女性进行多项内容的评估，比如健康、性吸引力或是生育能力等。
>
> 他们同样需要通过设想与对方发生长期（结婚、生子）或短期关系（一夜情），或与对方保持同事关系等情景来评价该女性。
>
> 与腰臀围比在0.7左右的女性一样，中等体重的女人最具有吸引力，但是男人们更倾向于只和这样的女性发生一夜情。当男人们想发展长期关系或者是职业关系时，这种吸引同样存在却没那么明显了。
>
> 最有兴趣获得权力的实验对象，是那些对体重和腰臀围比例最注重的人，而对体型不那么在意的人相比之下对权力没那么感兴趣。

不要再说“人们只借钱给富人了”，在这里，那些最想获得权力的人只会借钱给帅哥或美女。对于想知道权力能否让人更好色的人来说，Schmalt的研究结论十分明显：权力能让男人和女人都变得好色。

其他研究者表达了这样的观点：行使权力可能让人对性更感兴趣。他们也通过多种实验来验证这一假设。

Kunstman和Maner（2011）邀请一些人参加一个有酬的角色扮演实验，他们需要和另一位参与者共同制定一个决策。实验对象被告知他的搭档就在另一间屋子里等待。接下来他会看到研究人员出示自己搭档的照片（搭档总是与他们性别不同），然后他要完成一份调查问卷来使人了解他是否有当领导的潜力。

有些实验对象直接填写调查问卷，而有些人必须先做5分钟的填词游戏后才能开始填写。这个游戏其实是来测量其“性趣”程度的。例如，游戏中有“S_X”一词，实验对象需要在SEX和SIX两个词中选择（英语中的“性”和“六”）。在这个调查问卷的基础上，研究人员要么告诉研究对象他在领导潜能测试中得分很高，因此他将指导决策活动、评估他的搭档并决定搭档的工资；要么告诉实验对象他要和搭档平等工作，平均分酬。

我们可以观察到，处于掌权位置的人会更多地选择与性有关的词汇，而处于平等位置的人则较少选择这类词，这与他们马上填写调查问卷还是5分钟后才开始并无关联。男人比女人更多地选择了与性有关的词。

这项研究证明，权力可以引发我们不可控制的欲望。现在我们需要知道这些欲望是否实际，比如有没有考虑到对方是否单身或者自己的欲望是否理性。

> 在第二项研究中，实验对象又被邀请和搭档一起完成一项决策制定活动。有的实验对象能够决定对方的工资，有的则不能；有的处于掌权位置，有的则与搭档平等。
>
> 另外，他们会看一部介绍他们未来搭档的小电影，从电影中他们可以知道他/她是否订婚或是否单身。看完电影后，他们要填写一份问卷，从中我们可以得知他们对性的期待程度（我希望我的搭档觉得我很有吸引力）或者只是简单的兴趣程度（我认为这个人想认识我等）。
>
> 我们观察到，与没有权力的实验对象相比，掌权的人更期待搭档对自己表现出“性”趣。同时，相较与已订婚的搭档，实验对象对单身的搭档更有所期待。在以上两种情况中，男人拥有权力时会引发性期望的比例比女人稍高些，但是这个差距并不十分明显。我们也同样可以看到，这种权力效应只涉及性，而跟对方的喜爱无关。

结论

权力除了能让人们抛开禁忌，也让人们在性方面有对其他人的看法。无论在哪种情况下，我们都能注意到一种倾向，那就是人们似乎总想和处于他们权力范围之中的人展开一段风流韵事。

38 权力性感吗？

权力与吸引

看来，权力能让掌权者变得荒淫无道似乎是毋庸置疑的。那么接下来我们要思考的是：权力本身是否就是一种诱惑的手段。

Sadalla和Al的一系列研究（1987）回应了这个问题。在其中一个实验里，实验对象观看了一段有两个女人或两个男人的电影，其中一位主角是支配者，而另一位是服从者。在电影中，一个人进到屋子里时，另一个人已经在坐着等他了。

处于支配者地位的人会选择坐得离对方更近

一点。他身体向后倾，神态放松，并且手势很多。这显示出他在这场讨论当中表现得十分投入。服从者坐得向前倾，并一直低头看地板，很少和对方交流。

实验对象看完电影后要描述一下演员们对他们的性吸引程度以及其外貌长相等。

我们观察到，实验对象们会觉得电影中扮演支配者角色的演员更有性吸引力。我用了“他”这个代词，因为这个效果只在演员是男性的时候才出现。而女演员无论担当支配者还是服从者，都会被认为具有同样的吸引力，她的权力地位不会产生任何影响。

结论

男人拥有权力就有魅力，但女人则不然。相反，Sadalla的观察结果倒是证明了，权力会让女人显得强势、坚强并且男性化。

如果我们只考虑男性的情况，那事情就简单多了！因为权力让男人对女人的美貌更感兴趣，而权力在女人眼中则是一种致命的魅力。现在总算知道为什么我们国家元首的感情生活总能激起如此狂热的兴趣了吧？不论是国王也好总统也好，他们的风流韵事总能赢得如潮的评论。为什么是他？为什么是她？我们现在对于这些问题的答案终于有了些眉目……

39 权力会使我们对其他人的想法充耳不闻吗？

权力与移情

人们常因掌权者对他人不闻不问而将其描绘成冷血动物。然而有时，当权者必须理解别人的想法，比如在需要评价或评估其他人的情况下。因此，能够最深入地了解其他人所想、所感、所需就成了当权者最重要的能力。

> Mast，Jonas和Hall（2009）让实验对象在一个群体决策活动中扮演领导或助理的角色。领导负责组织活动和管理时间，助理只需帮助做决定。
>
> 研究人员通过调查问卷的形式来衡量实验对象对此情况的认识以及他们的移情程度。因此，实

验对象需要先看一段录像，里面有两个人在跟他们进行同样的活动，然后他们需要猜测这些人的感受，接下来研究人员再把他们的回答和录像中的活动者的真实想法和感受做比较。真实想法和实验对象的猜测相符合的程度就代表了实验对象移情的程度。

和我们所预想的一样，领导们认为自己在决策活动中占主导地位，并且他们比助理更能感受影片中支配者的想法。另外，领导们的移情程度比助理们更高，因为他们对录像中人物的真实想法和感受猜测得更加准确。

■■■ 结论 ■■■

单从这个实验结果来看，权力似乎有这样一种神奇的魔力，它能让我们更加关注其他人的想法和感受。这种魔力会让当权者和周围的人和谐共处，这一点毋庸置疑。同时，如果这些关怀真的是人们所需要的，那么被关怀者会对当权者回以厚爱。

然而，现实可能稍微复杂些。正如另一些学者如Van Kleef、Oveis、Van der Löwe、LuoKogan、Goetz和Keltner（2008）观察到的，面对一个正在受苦的人，权力会削弱我们能体会到的情感。因此，权力和同情心之间的关系还是一个谜……

40 为什么拥有权力的人有时候看起来很出色？

权力与社会认知

每个人都希望自己在别人眼中是独一无二、与众不同的，这似乎是人们最根本的需求，至少在西方世界中是如此。另外，即便有时候我们需要藏在别人身后来保护自己，我们也不会喜欢被当成胆小鬼。因此问题就来了，我们所拥有的权力和其他人对我们的看法之间有什么关系呢？一些学者对这个问题十分感兴趣。

在Depret和Fiske的一项研究中（1999），实验对象参加了一项测验，其目的是测量他们在嘈杂环境中的专注能力。这些实验对象都是一些心理学专业的大学生，他们在测验中的任务是找到最多的3的倍数（3、9、12等），他们在活动中的表现将决定其酬劳。实验对象面前有三个人，而这三人负责用以下方式来分散他的注意力：他们可以大声讲话（权力较弱），或者可以扰乱实验对象的注意力并在其注意力不集中时让他重新开始任务，又或者可以在他表现集中时给他一些加分（权力较强）。

另外，研究人员告诉实验对象，这三个负责分散注意力的人分别来自艺术系、数学系和经济系（混合群体），或者三个都是数学系或都是艺术系的（统一群体）。然后实验对象通过回答调查问卷的方式告知研究人员他们如何看待这三个人。

我们观察到，当拥有较强权力的三个人来自不同院系时，实验对象们对他们的认识十分个人化，也就是说实验对象每个人的认识都各自不同。相反，这个现象在三个人来自同一个院系时消失。

■■■ 结论 ■■■

Depret和Fiske针对这种现象解释道，我们总想通过搜寻当权者的小道消息来猜想和预测对方的表现，因为我们觉得这种方式可以让自己重新赢回一定的自主权。

这种解释成立的基础是，大多数人都有掌控周围环境的需求，也就是说他们想决定自己的未来，也想大致预测一下其他人的反应。在这种情况下，作用于我们身上的权力似乎会剥夺了我们个人控制的可能性，使我们看不到未来，并会阻碍我们对周围环境的掌控。这个想法的原因很简单，因为当权者可能十分难以捉摸，我们有可能无法得知他会要求我们做什么，或是对我们做什么。在这种情况下，任何有关他们性格或是想法的小道消息都会让我们相信，我们甚至能猜出他们的想法。

整体来说，掌权者的形象还是比较正面的，特别是人们会认为他们很有能力，但是他们也会被打上冷漠的烙印。

不论如何，有权力的人经常会被认为是十分出色的，他们有着异于常人的优点和缺点。

41 权力能影响我们的职业满足感吗？

权力与职业满足感

权力似乎是众多满足感的源泉，不论是在情侣生活中还是在社会关系里都是如此。为了正确看待这个问题，我们还需要弄清楚在工作中行使权力是否同样能让人感到满足。

Jenkins（1994）曾要求一些大学生参与一项测试。学生们在这项测验中倾诉了自己对于权力的渴望。14年之后，Jenkins又重新联系了这些大学生，并询问了他们后续的职业生涯以及他们的职业满足感。

她因此得以观察到，年轻时人们表现得越需

> 要权力，那么权力就越会成为他们工作中满足或失意的根源。同样地，年少时越渴望获得权力的人，就越会在将来从事自己曾经渴望的职业。人们只有从事自己梦寐以求的职业时，才会因为需要权力而积极地投身于工作中。

结论

在年少时曾渴望的权力会深深地影响我们成年后所拥有的权力。然而，在工作中行使的权力并不都能带来满足感。这或许是由于权力意味着沉重的责任，又或许是由于在追逐权力的道路上，我们被迫放弃了一些个人的选择。然而在这种情况下，无论如何，我们所行使的权力都成为工作中举足轻重的一部分。

42 权力对乐观和冒险有影响吗？

权力、乐观与冒险

权力是众乐之源。掌权者喜欢把一切都看得很美好，这能让他们保持一种乐观的态度。这正是Anderson和Galinsky在一项研究（2006）中所展示的。

> 研究人员要求大学生们回答一些问题，目的是通过他们的答案来衡量他们的权力意识，比如询问他们是否觉得自己在日常的人际关系中拥有很多权力。
>
> 同样，为了得知学生们的乐观程度，研究人员还要他们预测自己在未来生活中经历幸福事件的

> 可能性（比如10年后他们的房子涨价翻倍）以及会经历悲惨事件的可能性（比如牙齿出现问题）。
>
> 观察结果是，人们的权力意识越强，对未来就越乐观。

权力和乐观之间的这层关系超越了人自身的感情。事实上，其他研究显示，**强烈的权力意识会导致我们低估一些事的危险程度**，比如低估一些重大事件可能引起的死亡人数（肺癌，空难等）。这样的话，考虑不周则很有可能促使我们做出一些危险的决定。

> 在Anderson和Galinsky的另一项研究中，实验对象要写一篇文章来讲述一件能令他们感觉到自己的权力比其他人权力大的事（权力大）；或是讲述在什么情况下，其他人能限制他们的行为，拥有比他们更大的权力（权力小）。
>
> 接下来，研究人员给实验对象假设了一个场景：他会在酒吧里遇到一个人，然后两个人一起回家过夜，但是他们谁都没有避孕套。
>
> 研究人员会问实验对象，他们是否愿意在这种没有保护措施的情况下发生性关系。同样，实验对象如何看待这个行为的危险性也在考查范围之中（有可能怀孕、担心等）。

> 观察结果是，权力感强烈的人比权力感弱的人更愿意在没有避孕套的情况下发生性关系。同时，男人比女人更愿意冒这个险（这一点当然也有其他原因）。相对于权力感较弱的人，那些权力感强烈的实验对象并不是很能意识到这个举动的危险性。

■■■ 结论 ■■■

总的来说，在生活中，权力会使我们乐观地看待自己和他人，这也使得我们更加喜欢冒险。也许正是由于这一点，我们才会说权力令人迷醉。与其说权力让人贪得无厌，不如说它和酒精一样，都能让我们抛弃约束而胆大妄为。

43 为所欲为的人与亦步亦趋的人，我们解释世界的方式（Ⅰ）

权力与归因

大部分人都认为，财富或权力能让人为所欲为。**从某种程度上来说，权力是保持自由的一种方式。**对其他人来说，不能按照自己的意愿行动，就得按照别人的意愿行事。

> Overbeck，Tiedens和Brion（2006）向实验对象描述了两个人，并让实验对象对其作出评估。确切来说，两人中一个是经理（权力大），一个是助理（权力小）。
>
> 经理通过强制手段（惩罚、威胁）或者通过散发领袖气质和吸引力来施展自己的权力。

两个人都认为，员工们周六也应该工作。实验对象需要回答一些问题，来猜测这两个人究竟会如何向员工解释这一情况：是解释成情势所需环境所迫呢？还是解释成这是根据员工的意愿和特点所做出的决定呢？

我们观察到，实验对象更愿意认为权力大的人是按照他们自己的意愿或个性来做出这项决定的，而权力弱的员工认为是情势所迫。

同样地，权力的类型也会改变相应的解释。使用惩罚或威胁更容易导致人们将权力较弱的人的行为解释为情势所迫。

结论

看来，人们确实会自发地将自由和权力联系在一起，至少他们在解释别人行为的时候是这样认为的。在我们对世界的认识中，有权力的人就有可能按照自己的意愿和性格享受无上的自由，而其他的人就只能按照义务来行事，也就是说最终还是按情况而不是按自己的意愿办事。权力的诱惑在我们对世界的这种解释方式中表露无遗。

44 尽善尽美世界中的权力，我们看待世界的方式（Ⅱ）

权力、归因与世界观

一些学者比如Jost认为，人们脑海中都有一种根深蒂固的倾向，那就是想把社会制度以及维护这个制度的权力都看作是公正的。这个倾向改变了我们认识他人的方式。如今，有权的人就有可能被赋予一些积极的品质，没权的人则很有可能被贬低，“各安天命”也就变得合理了。这种扭曲现实的倾向其实是因为，认为自己生活在稳定公平、论功行赏的世界里对人们来说是更容易接受的。

Kraus，Piff和Keltner（2009）邀请他们的实验对象回答一些问题，并以此来了解他们对经济和社会的看法。

实验对象需要解释社会财富不均的原因。研究人员向他们展示的一份图表显示，从1967年到1997年，最富有的人和最贫穷的人之间的财富差距在逐渐扩大。

实验对象可以选择一种方式来解释这种现象，或者是从客观因素出发（遗产、经济政策、薪水政策等），或者是从个人特征出发（抱负、才干、工作、付出等）。

研究人员衡量了实验对象的主观社会经济地位，也就是看他们认为自己拥有的地位是高还是低。同时，实验对象的经济收入、学历等相关信息也在调查范围之中。最终，研究人员会衡量他们的个人权力感（比如“我能做所有我想做的事情”）。

综合以上所有条件，我们观察到，社会经济地位越高的人，个人权力感就越强。相反，社会经济地位越低的人，就越会将财富的不平等现象归咎于客观因素。

更确切一点说，实验对象的社会经济地位越高，个人权力感就越强，他们也就越抗拒经济政策或其他客观因素会导致财富不均的这种说法。

结论

这种世界观引发的后果就是，一方面，社会经济地位不高的人对世界的解释方式导致他们向命运屈服，他们认为个人命运不掌控在自己手中；另一方面，社会经济地位高的人感受到了权力，他们对世界的解释方式也使他们认为命运在自己手中。那些一直对财富和权力虎视眈眈的人最终都会如愿以偿，而另一部分人则抱着宿命论的世界观深陷穷困潦倒之中。

第五章

权力的中心

45 人们真的会沉醉于权力之中吗？

个人权力与社会权力之间的心理距离

权力似乎有点声明狼藉。拥有权力的人总是被怀疑会冲动行事，并且会沉迷其中。这些相当普遍的想法似乎验证了那句谚语“贪心不足蛇吞象”。

历史上的一些像马萨林或塔列朗这样的名人就很好地证明了这个想法的正确性。也就是说不管谁得到了权力都会想要不择手段地保留它。而一个荷兰研究者，Mauk mulder则就这个推断做了众多研究。后来其他研究人员也相继做了相关的研究。

Mulder，Veen，Rodenburg，Frenken和Tiedens（1973）想通过研究来证实是否一个人等级越高就对权力越感兴趣。参加研究的实验对象跟另外两个参与者被安排在同一组，他们需要完成一项任务，那就是在一个权威人员的监督之下对一篇文章进行分析。

在第一种情况下，实验对象要在监督者的权威下与其他参与者一起完成这个任务（与监督者等级差别较大）。在另外三种条件下，实验对象分别充当监督者和另两名参与者的中间人。他需要在监督者的监管下协调另两位参与者的活动（与监督者等级差别较小）。要么实验一开始就给他这项权力，要么在60分钟过后通过监督者任命授予其权力，要么在60分钟过后，因在任务完成过程中表现出的出色能力而授予其权力。

两个小时过后，监督者告知三位组员，自己需要离开这个岗位，但是由于研究的需要，他们中一人需要接替他的位置。实验对象需要指出他们自己是否愿意接替这个岗位。

结果清晰显示：当实验对象在实验中充当中间人的角色时，他们会更愿意选择接替监督人的职位。因此，当实验对象更接近权力时，不管当初让他们得到权力的原因是什么，他们中有55.5%

> 到66.6%的人都想要得到更多的权力。然而，只有15.8%的基层工作者声称自己愿意得到组内的权力。

Mulder（1977）接下来的研究进一步证实了这种追逐权力的趋势，也证明了一个人的权力越大，就越想要剥夺那些比自己下属的权力。

每个人都在为自己寻求更多的权力，并且剥夺其他人的权力，在这个背景下，我们就可以明白为什么社会等级，不管是职场上的、政治上的还是经济上的，可以一直沿袭下来了。

沉迷于权力的这种现象确实存在，但是它也有其局限性。其他研究也证明了人们会赋予那些老员工获得权力的机会，不管这些老员工身处何职。某种程度上这也是种长子继承权的体现！

同时，最新的研究也证实了那些远离权力的人也可能被权力散发的芳香所迷惑并且甘愿沉醉其中，不过他们可能需要通过集体才能获得权力。

为了找到这个问题的答案，我们还可以考虑在一般情况下，当人们得到更大的权力和失去权力的时候，他们的反应是什么。

> Pettit，Yong和Spataro（2010）为他们的研究招聘了一些实验对象，并让他们想象一个要失去权力（威望和社会地位）的情景或者是一个得到权力的情景。
>
> 十几分钟过后，实验对象要指出在他们想象的情景中，他们有多重视自己享有的身份、威望、影响力以及别人的尊重。他们也需要回答愿意付多少钱来得到加薪的机会和保留住自己想象中的那份权力。
>
> 在这些条件下，那些想象着自己会丢掉权力的人比那些觉得要获得权力的人更重视权力的存在。实际上，与那些会想象自己会得到更多权力的人相比（195美元），那些可能丢掉权力的人愿意付出更多的钱来保留住自己的权力（307美元）。

最后，第二个研究似乎也表明，当人们想到自己的未来时，往往既害怕失去权力又会沉迷其中。

这两个研究并没有将个人权力和社会权力这两方面区分开来。**个人权力是指权力赋予个人的行为空间；社会权力是指权力让我们拥有的对他人的影响力。**

> Van dijke和Poppe（2006）请他们的实验对象参加到一个角色扮演游戏中，主题是为一项公司

运行方面的投资做决定。游戏包括10个步骤，在这期间每个实验对象都要做一些采购方面的决定，同时还要考虑到有另一个人也在参与这同一个游戏，并且这个人也会做出一些决定。

事实上，实验对象们会收到一些事先准备好的信息。在五次实验中，人们让实验对象主动提供信息，这样他们就能够对选择起到控制作用。因此，他们就会对另一个幻想中的人物进行或强、或中、或弱的控制。

在另外五次实验中，实验对象也收到一些信息。但这次，这些信息会让他们处于一个权力承受者的位置。权力来自于另外不存在的那个人物，这个权力或强、或中、或弱。

实验对象可以选择为自己或幻想人物加大投资空间。若实验对象选择提高自己的投资空间，那就表示他想提高个人权力，也就是单纯满足个人利益；若他选择降低另一个人的投资空间，那就表示他想提高自己的社会权力，也就是可以施加在他人身上的权力。

人们观察到那些一开始就被剥夺权力的人更想增加自己的个人权力。但是就社会权力而言，并没有发现这一倾向。

结论

总体来看，所有的这些研究都表明我们每一个人都力图增加并且保护自己的权力。然而，我们这么做的目的，并不是想控制他人，而是想在各种事件中保留自己的影响力。

46 如果没有头儿管我们，我们是不是会活得更好？

团队中领导气质的类型

在一个组织当中，当我们谈论到权力时，马上想到的就是关于领导的问题，特别是什么样的领导才是好领导这个问题。关于这一点，大家的观点不一。有些人喜欢并想要一个铁腕领导。另一些人则想要对机构的管理提出自己的意见，甚至是实际参与到机构的决策中来。但是很少有人会说领导的存在是没有用的，或者如果没有领导我们的效率会更高这样的话。

Lewin，Lippitt和White在1939年通过一群十几岁孩子的表现研究了领导的类型。这些孩子参与了很多娱乐俱乐部的活动。

当一个组织的领导很专制时，他一般都独断专行，不会跟其他人交流自己的选择标准。他会远离组员们的团体活动，并主要通过下达命令来跟别人交流。

一个民主领导的特点是会让其手下参与到决策当中。他通过与组员共同协商来规划活动。团体的内部也有一系列的责任分工。领导也被带入到这些活动当中，但是他不会过多地干预以确保自己能正确衡量团队的生产力，尤其是在与其他团队做比较时。

还有一些领导是“放任自流”型的。这些领导有些消极并且不会参与到组织运行的商议中来。在组员要求的时候他也会出席协商并且态度很友好，但他不会对组织的活动进行评估，也尽量避免给出自己的意见。

那些服从于“专制”领导的孩子要么表现得非常消极，在面对领导时不能发挥出自己的主观能动性；要么恰恰相反，对领导表现出非常大的攻击性。在所有的情况中，孩子们都对团体的组织表现出很大的不满。在那些“专制”领导和“放任自流”型领导的团队中，我们发现孩子之间的关系很紧张。而那些处于民主领导下的孩子可以把紧张和失落的情绪释放出来，因此团队成员之间的相处非常和谐。最后一点是，在“放任自流”型的工作氛围中，团队的生产效率最低。

结论

这项研究使人们彻底地放弃了“放任自流”型的团队领导。相反地，我们可以从其他众多关注领袖气质的研究中认识到：与专断的领导相比，民主型领导的优势并没有我们想象中的那么大。

通过以上提到的各种领导模式，大家得出的结论是：一个好领导不仅要能注重目标的实现和效率的提升，还要注重交流，善于从情感上调节团队内部关系。实现目标和加强交流两者孰轻孰重要根据我们自己所处的环境而定。

47 接近权力会让我们更聪明吗？

权力与社会便利

有时候我们身边的人会在工作中激励我们，就好比当我们与这样的人在一起工作时，时间似乎过得更快，并且实践证明我们在这种情况下，自身能力也能相应得到提高，心理学家称这种现象为“便利效应”。这个结论的另一面也同样成立。有时候我们想单独一人，而不想被人观察监督自己在做什么，这也就是人们所说的“抑制效应”，比如那些对员工工作进行监督的领导就可能带来这个效应。另外一个问题是，我们会不会因为一个有权势的人在场而改变自己的工作方式。

这次观察同样是在实验室中进行的。由研究人员扮演领导的角色。通过一系列研究，Desportes于1975年证明了研究人员在场时会产生便利效应和/或抑制效应。

在其中一项研究中，实验对象接到的指示是完成一项能够测试其智商的任务（将数字和图标联系起来）。这个任务要么单独完成（标准情况），要么在研究人员在场的情况下完成（在场情况）。与此同时，人们还根据在任务完成中实验对象表现的焦躁程度来对其进行区分。

人们观察到当研究人员在场时，就会产生一种社会便利效应，也就是说他们在场会让那些不怎么焦躁的实验对象更好地完成任务；而那些焦躁的员工则会不知所措并且表现一般。

■■■ 结论 ■■■

有很多因素可以解释为什么我们表现得更好或者更差，权力就是其中一个。在某些情况下，权力会潜移默化地改变我们的存在和思考方式。

48 权力总是跟谎言成双成对吗？

团队中的从众心理

跟我们同属一个团队的成员可以在我们身上施加权力，有时候原因很简单，可能就因为别人人数多，而我们以一敌众。我们依附于他人其实也只是因为害怕被抛弃，或者单纯因为我们在面对这些情况时不知所措。

> Solomon Asch于1956年从事的一系列研究完美地解释了这一现象。实验对象一到实验室就跟其他很多人（7到9人）被安排在一组。而这些人其实是研究人员的“同伙”，也就是一些“假实验对象”。他们需要按照一个提前准备好的剧本来演戏。

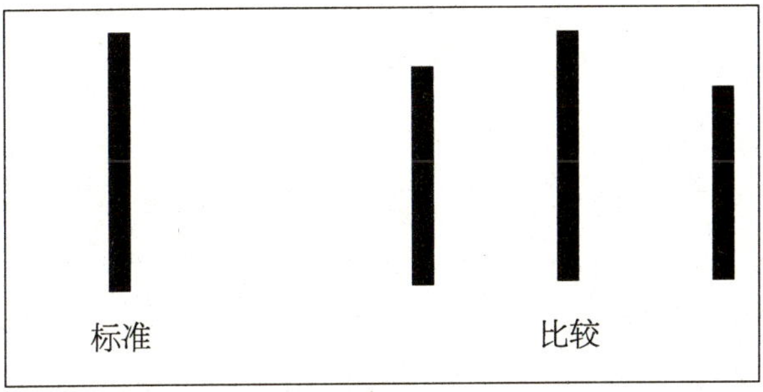

图5.1 Asch提供的木板示例（1956）

研究人员向组员展示了一些木板。这些木板上有四条长度不等的竖线。这些实验对象要在三条长度不一的竖线里（比较）选择一条与标准线（标准）长度一致的线。

研究人员的同伙们收到的指示是在18次实验中，12次一致选择一个错误的答案。而他们选择的错误答案能与标准线相差1.27厘米到1.9厘米。其实也就是说一个不受任何团队压力的旁观者不太可能选错。

此外，那些自己直接说出答案的实验对象几乎都没有选错（低于1%）。而那些先听了组内成员的错误答案又做出选择的人有三分之一都选错了。只有四分之一的实验对象没有受大多数成员的误导而坚持说出了自己在木板上所观察的内容。

■■■ 结论 ■■■

这次实验之后，其他相关实验如雨后春笋般涌现。人们意识到，根据文化不同，集体所拥有的权力也有所不同。因此Leyens在1979年指出挪威人比法国人对集体的权力更敏感。

然而，我们也不能因此武断地得出结论说权力会腐蚀我们追求真理的欲望。因为Asch通过很多谈话发现某些实验对象会因为从众而改变自己对长度的感知，从而真的认为自己做出了正确的选择。

49 面对一个充满谎言的团队，我们能够用一面镜子来保护自己吗？

自我意识与从众

众人施加在我们身上的权力可能是非常可怕的。我们只需想想时尚潮流的统治或是我们时常能在团队中感受到的异类感就能明白了。

Solomon Asch对团队中从众现象的研究很好地证明了，当团队中的大多数人都在误导的时候，很多人会屈从于这个团队中其他成员所施加的压力。

跟那些服从权威的研究一样，在这些从众的人身上缺少的正是这种忠于自我的能力。因此我们也在想自我意识会不会又一次成为使我们摆脱他人控制的关键。

研究者们想探究个人自我意识和公共自我意识能不能改

变团队中的从众现象。个人自我意识也就是我们对自己内心想法的关注，而公共自我意识就是我们对自己在别人眼中形象的关注。

> Froming和Carver曾于1981年让他们的实验对象回答一个问卷，以衡量其公共自我意识（比如“我知道自己给别人的印象是什么”）和个人自我意识（比如“我对自己的情绪一般比较关注”）的强弱。然后这些实验对象被安排在一个组里并被要求说出一个节拍器产生的动作数量。
>
> 他们先接受了好几轮的训练，然后得到了一些据说是来自其他实验对象的信息。他们并不知道这些信息其实都是错误的。实际上，这些信息都是提前录好的，并且每个实验对象收到的信息都是一样的。研究人员计算了实验对象的答案与错误答案之间的差距，由此推断实验对象是否随大流。
>
> 研究结果证明个人自我意识越高，在面对错误答案的时候越不容易随大流；相反地，公共自我意识越高，越容易随大流。

结论

从理论上来说，当我们面对一面镜子时就会更注意自己留给他人的印象，也就是公共自我意识。通过Froming和

Carver的研究结果，我们唯一能建议读者的就是在处于团体中的时候不要使用镜子。

然而，一切也要取决于所照镜子的大小。Govern和Marsch于2011年通过他们的研究证明，小镜子能激发个人自我意识而大镜子能激发公共自我意识。因此可能一个小镜子会帮助人们避免撒谎。

50 权力会不会让我们对其他人的观点感到麻木？

权力和从众现象

我们面对主流观点的压力时只会感到无力。主流观点确实会威胁到我们思考和行动的自由，使我们不能随心所欲。因此研究人员想知道我们拥有的权力能否与我们承受的权力相抗衡。

Galinsky，Magee，Gruenfeld，Whitson和Liljenquist于2008年邀请一些实验对象到他们的实验室中，这些实验对象被分成两人或三人一组。研究人员通过两个问题来引入权力感：要么让他们回忆自己生命中享有控制他人权力的一段时光，以引

> 入较强权力感；要么让他们回忆一个忍受他人权力的事件，以引入较弱权力感。
>
> 然后，他们要完成一个比较枯燥的任务并要指出这个任务对他们的吸引程度有多高。在表达自己的观点之前，他们会收到一个信息，是他们之前的实验对象回答的内容。信息传达的内容是：大多数参与者都觉得这个活动十分有趣。
>
> 我们能观察到，只有那些被引入了较强权力感的实验对象才会抗拒主流观点并指出他们刚完成的任务非常无趣。

■■■ 结论 ■■■

那种曾经对别人施加过权力的感觉使我们对他人的权力产生了防备。这些研究人员的其他研究也表明，一般来说我们拥有的权力会让我们变得更加独立，也让我们更能抗拒周边人带来的一些约束。从某种角度来说，权力让我们更自由。

51 为什么宁求阎王不求小鬼？

权力和职场中的行为调整

每个人都有可能在工作中长期或暂时地处于困难的境地。在这种情况下，我们有时会犹豫不决，不知道是否应该寻求他人的帮助。这时周围同事的主动帮助就会起到绝对性的意义。

> Ferguson，Ormuston和Moon（2010）建议他们的实验对象，也就是一些处于培训期的员工，想象自己参与到一个咨询公司的项目部中。研究人员给他们安排的想象情节十分明确，团队中的一个叫Pat的成员在工作中遇到了困难，这使整个项目面

临失败的风险。实验对象要么扮演团队领导的角色（强权），要么扮演队友的角色（同等权力），要么扮演pat下属的角色（弱权）。

在了解了想象情节之后，实验对象们要回答一个问卷。这个问卷可以使人了解他们的反应，具体来说共有如下几种：陪伴并培训pat；与其产生争执；象征性地或实际上抛弃他；帮他做一部分工作来弥补其不足。

人们观察到：与扮演下属角色的实验对象相比，扮演领导角色的实验对象们会更多地选择陪伴这个有困难的员工。而下属们会更多地选择帮他做一部分工作以弥补其不足或者是抛弃他。

表5.1 根据实验对象身份所列出的四种不同反应的平均分（总分为5分）

反应类型	下属	同级	领导
陪伴	3.34	3.64	3.94
争执	2.78	3.06	2.93
弥补	3.18	2.82	2.59
抛弃	1.39	1.29	1.17

结论

这些实验结果在Ferguson及其团队的其他研究中也得以证实。由此看来，真是阎王好见，小鬼难缠。然而情况也不总是如此：这些研究也表明领导在面对下属的困难时，也有可能选择争执。同时，我们也怀疑那些弥补其工作不足的行为能否长久。

52 学生们不想坐第一排是好事吗？

权力和社会感知

我们观察到不管在什么样的公共场合，听众们总是犹豫，不知道是否应该坐在第一排。在教室里也是如此。教室里的第一排总被看作受惩罚的学生或者是那些拍马屁的学生坐的位置。

不想坐第一排其实反映了学生们想要跟老师保持社会和情感距离的一种渴望。学生们在逃离舞台正中央的时候似乎在想着“每个人都应该有自己的位置”！

Hamblin和Smith（1966）要求一个大学的学生评估他们的老师。评估的标准主要是老师的威望、受人尊重、重视的程度等。

学生也要对老师的教学及论文发表刊物的质量进行评估，并且还要对他们的人品做出评价，如是否真诚友好等。最后，他们要指出每个老师在所在单位中所拥有的权力和所处的地位。

Hamblin和Smith观察到那些教学和出版水平越高的老师越被认为是职位相对高的，这一点并不让人吃惊。但让人吃惊的是，那些越不友好的老师，也就是那些越跟学生保持距离的老师，也越被认为是在教师团队中身居高位的。

结论

离听众太近并不能帮助我们很好地控制局面。人们与那些位高权重的人保持的距离使权力散发着光环，也使得双方都能得到保护。

然而，有很多因素使我们靠近教室里的第一排。包括Rousvoal（2000）在内的众多研究都表明学生在普通教室或阶梯教室里所处的位置决定了他们大学生活的成败。因为离老师越远，学生学习的成功率就越低。

53 礼貌是否会让人鹤立鸡群？

权力和语言

礼貌表明我们非常重视那些与我们相处的人。我们日常生活中有一条潜在的规则就是要求我们不能让别人丢面子。

然而，丢面子的情况是非常多的，比如我们在公众面前被反驳、批评、打断等。因此礼貌似乎是不让别人难堪的最好方法。而礼貌的表达方式有两种：要么表达敬重，要么表达亲密。

有些研究人员认为礼貌是一种非常消极的手段，因为这些手段总是在试图逃避。比如间接地提问一个问题，常用一些像“可能”这样缓和语气的词；称呼别人时用一些像“先生”这样的尊称；为自己所说的话道歉；尽量避免谈论自己等。

他们也认为那些试图与他人表示亲近的举动是比较积极的。比如称赞对方的品质；使用一些通俗语；以“你”相称（而不是“您”）或者直接喊对方的名字等。

那些试图避让的手段可以让人在承认对方地位及权力的同时与其保持一定的距离。而那些积极手段则试图通过寻找一种共同身份来建立一种亲密无间的关系。

> Morand（2000）向他的实验对象介绍了下面这个场景：一个人在公司会议开始前来到了公司，他把自己的大衣放在了凳子上并去跟一个坐在稍远处的朋友问好，当他回来的时候，发现自己的大衣已经在地上并且座位也被别人占了。然而这时已没有空位子了。工作人员指出占座人的地位或者比他高，或者比他低。
>
> 实验对象们被要求想象在这个场景下两人之间会产生的对话，他们的回答被录在一个磁带上。
>
> 六个与此次研究无关的人被要求听这些回答并指出这些录音的礼貌程度。他们也需要判别实验对象使用的是消极的还是积极的交流技巧。
>
> 正如我们所料，如果占座的人是一个上级，那么实验对象会表现得更有礼貌。我们也观察到实验对象主要通过消极而非积极的技巧来表达礼貌。

■■■ 结论 ■■■

在职场上，礼貌好像是我们用来区分权力大小的一种标志，领导对下属远没有下属对领导有礼貌。而权力拥有者就通过这种手段保持或确认自己的控制权。

一般来说，**语言是一种权力标志，因为它可以在人与人之间划清一些界限并建立等级。**Landré（1997）的大量相关研究证明，通过对语言现象的研究（如话语权的轮流和使用）可以看出在一段对话中谁是权力拥有者或者谁试图拥有权力。

54 无权和有权

威胁、心理距离和社会动力

自古以来，人们都想知道社会中最合理分配权力的方式是什么。这个关于权力分配的问题会引发两种思考：是不是有时候人们更愿意让权力集中在少数人手中，让他们单方面地在大多数人身上行使权力？在一般的状况下应该怎样分配权力才能最大程度地做到公平公正呢？

> Mulder与Stemerding（1963）组织了一些小商贩进行了会面，这里面有肉店老板、杂货店主、蔬菜和奶产品商人。研究人员介绍说这次会面可以让他们了解当面临威胁时应该怎样行动。

研究人员向这些商贩提供了两类信息：一个大型连锁超市计划在这个国家的几个城市落脚，他们所在的城市被选中的概率为10%。在这种情况下，他们的销售额可能下降5%到6%（威胁较小）；而在另一种情况下（威胁较大），他们所在的城市被选中的概率为80%并且销售额会下降25%到30%。

然后，研究人员让小商贩们互相讨论。然而他们在每一组都提前安插了两个“间谍”，也就是实验人员的同谋。两个同谋都扮演着手工艺人的角色，但是其中一个掌控着整个聊天氛围，表现得很自信。他似乎随时都准备好与政府讨公道，让其进行干涉，禁止超市在该市落脚。

在这些情况下，Mulder和Stemerding观察到当实验对象觉得受威胁程度大时，会更愿意选择那个报复心强，对整个团队影响力较大的同谋当主席来代表他们。而当他们觉得受威胁较小时，情况则有所不同。

受威胁的这些情景或者是危急的关头都会让人们倾向于个人掌握权力的集权制。此外，其他的研究（Auzoult，2010及Gangloff，2010）证明了就算在没有这么复杂并且是双方一致同意的现实情况下，权威人物也可以带来一些重大的改变。Dorna（1998）建议对这个现象进行一项政治研究。在其中他提到一些充满魅力、精力充沛、热情四射的领袖人物如今正纷纷涌现，并且认为这些人有可能带来深刻的社会变革，使处于危机中的社会得到革新。

在一些更平和的状态下，人与权力的关系有时候会反过来。有些人会想要鼓励更多的人参与到公众决策中来。

> Mulder与Wilke（1970）邀请一些实验对象参加一个关于城市规划的讨论，讨论在城市的哪个位置建新医院等问题。他们也被要求与第二者交换信息。这个第二者，在实验的操作中被介绍成是一个城市规划方面的专家或者是一个不怎么懂城市规划的人。而这个人的观点与实验对象的观点有所不同。
>
> 人们给实验对象留的思考时间也有长有短。实验人员要看这个第二者对实验对象有什么影响。
>
> 正如人们所料，专家的身份会更多地让实验对象在讨论过程中改变自己的意见。但是最有意思的实验结果是：当实验对象有较短的讨论时间时，专家们的意见对他们的决定并没有太大影响。相反地，若讨论时间较长，实验对象能够更好地表达自己的观点，这时与专家观点的碰撞会大大减少专家的影响，尤其是当跟第二者不是专家时相比。的确，当实验对象面对一位专家时他往往就会退缩了。

■■■ 结论 ■■■

实验结果很明显并且引人深思。当一个人越有时间跟一个专家，也就是权力拥有者，表达自己的观点时，他们之间观点的隔阂就越深。

这也就解释了当一些公共机构试图邀请民众与专家碰面，并让专家为其解释一个项目时，为什么总不能达到预期目标。同时也能解释为什么当拥有较大权力的政治代表与民众会面时，很难动员或说服这些民众。

要求商谈表达了人们要拉近精英和基层的愿望，这样可以使民众更公平地参与到公众决策中来。但是不幸的是，不论怎样，这种活动最终却使有权和无权的人之间的隔阂越来越深。

第六章

权力的学习

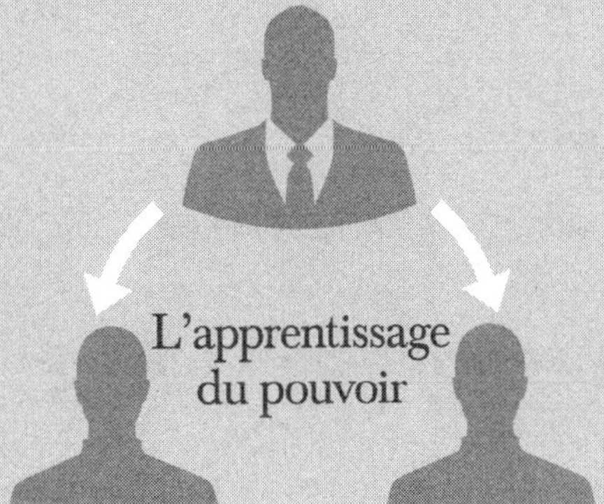

55 把捣乱的学生赶出教室就能够重塑学习气氛吗？

权力与课堂秩序

老师维持课堂纪律非常重要，因为这不仅可以纠正捣乱学生的行为，还可以让全班的学生都受影响。一些学者将这一现象命名为“训练效应”。除了防止某些学生影响整体学习气氛之外，维护课堂秩序的关键更在于防止他们破坏学习的过程。

> Gnagey（1960）以想了解怎样让学校更有趣为由，向四个不同班级的学生介绍了自己的研究。他让学生们填写了多个调查问卷，以得知他们如何看待自己的老师（权力、专业性等）以及其他同学在

他们看来有多大的权力。

研究人员挑选了四个学生来演戏，其中两个在同学们眼中权力较大，另外两个权力较小。

情景设定是这样的：在播放电影的过程中，这几个经过训练专门来捣乱的学生会大声喊："哎！你的电影马上要结束了吧？"然后，在老师批评之后，他们要么采取服从的态度："是的老师，对不起，老师！"要么采取挑衅的态度："我要离开教室，但我不会听你话去校长室的，算您倒霉！"

这次训练过后，研究人员又向学生们介绍了一位新老师，这位老师表示她想放一部科学性的电影，并且要求学生们安静地观看。在放映中的某个时间，老师一打信号，提前串通好的学生就开始捣乱，老师此刻要按要求回答："哎！我告诉过你们不要说话了！马上离开这里去校长室！"

之后，研究人员回到教室里，让学生们填一个新的调查问卷。这个问卷重新衡量了教师的形象，但也同时问了一些关于电影的问题（多选题等）来检查不守纪律的学生和教师之间的冲突是否影响了教学效果。

如我们所预料，当捣乱的学生最终采取服从态度时，学生们会认为教师的权力更大、专业性更强。此外，如果捣乱的学生是同学们眼中有权力的人，那么学生们对教师的评价就更高。不管学生叛逆的结果是服从还是继续挑衅，这都不影响学生对教师的尊重。

另外，当捣乱的学生听老师话时，学生们会更认为老师让他去校长办公室的整纪行为是合理的。那么同样地，如果捣乱的学生比较有权力，他的同学们会更加强化这个判断。

最后，最有趣的是，当捣乱的学生最终服从老师时，其他同学能够更好地回答出多项选择题。而当该生继续挑衅老师时，同学们的答题表现则会差一点。

结论

如今，年轻的老师会接受专门的培训来学习如何在课堂上树立权威。这项研究显示，在维护课堂秩序的时候，最重要的不在于教训捣乱的学生，把他们赶出教室，而是能够让他们当众认错。

56 想要在班里受欢迎，聪明和权力哪个更重要？

权力、吸引和社会认识

在学校里，很多学生都想在同学当中更有人气，或者是得到老师的垂青。那么如何做到这一点呢？是当一个聪明、能帮助别人的学霸，还是当一个运筹帷幄的领导者呢？

在Zander和Van Egmond的一项研究中（1958），实验人员让学生们填写不同的调查问卷来测量他们的智商以及他们在其他同学眼中的形象（权力、吸引力、学习能力）。然后，学生们参加了一项集体活动，在这项活动中，研究人员仔细观察了他们的行为（影响、攻击、交流、评价等）。老师也评估了每个学生在活动中的表现。

我们可以观察到，在智商测试中分数越高的学生，就越被认为拥有更大的权力，但是这个联系非常不明显。看来人们争夺权力主要靠得不是智商，而是其他优势……

另外，在学生们眼中，权力越大的学生，魅力也越大。并且这和智商无关。在团体活动中，权力大的学生也比权力小的学生表现得更加活跃。

在老师对学生的评价中，权力至关重要。老师们认为权力大的男生比权力小的男生更独立、友善和无私；对于女生呢，不论她们的权力大小、智商高低，老师们的评价都差不多。

■■■ 结论 ■■■

根据结果来看，想要在同学当中或者老师那里受欢迎，仅靠智商高是不够的，最好还得有权力。再强调一次，我们可以观察到，在那些真正有评估权力的人——也就是老师的眼里，权力给男生带来的好处比女生要多。

57 学习能让我们对专制的言论免疫吗？

知识的社会形象与认识的影响

权力有时候是通过命令来体现的。命令者可以强求人们做一件事，并会强调做这件事的必要性。这种言论体现出的世界观是僵化不动的，就是说人们只能用一种方式来行动或思考。但并不是所有人都会以同样的方式接受这种交流形式。

我们是否能找出隐藏在命令中的专制言论，这取决于我们对知识的认识方式。事实上，一些学者意识到，在高等教育中，知识的形象随着时间流逝而演变。人们越来越认为知识是主观的、相对的，也越来越少地把学问当成科学家的特权。同时，科学理论也不再放之四海而皆准，而只是一种构想。

> Buchs，Falomir，Mugny和Quiamzade（2002）在心理学系大一和大四的学生中做了调查，以此来了解他们的学术能力以及他们如何描述自己心中理想的朋友关系。这个描述的基本观点就是，当我们和朋友在一起时，越没人想占主导权，朋友们就越感到满足。也就是说，当某个朋友开始施加他的权力时，其他人就会感到拘束。
>
> 然后研究人员请一位老师向实验对象介绍了一项虚假的研究。这位老师谎称朋友中的领导权和满足感成正比，也就是说某个人权力越大，其他朋友的满足感就越高。介绍这项研究的教师要么表现得独断专制（他声称："理想的朋友群需要有一个领导者，每个人都服从于他。对我来说，如果一个学生硬要说理想的朋友群不需要领导，那么不管他提出的论点是什么，我都不会给他及格。"）要么表现得很民主（他声称："一个典型的理想朋友群是会有领导的。但是每个人也都能真实地表达自己的意愿。如果一个学生认为理想的朋友群是不需要领导的，如果他论据充分，我也会让他及格的。"）。
>
> 这时研究人员会重新采访实验对象有关理想朋友群的看法，看看他们是否受到了教师的影响。

> 另外，还有一份调查问卷来了解他们对于教师言论的理解。
>
> 研究结果显示，当大一的学生感觉到教师专制态度时，他们就认同了教师的观点。但大四的学生不是这样。此外，认为自己能力不高的学生受专制言论的影响更大。

结论

这项研究强调了，我们对世界（这里是知识）的认识深刻地影响着我们与权力的关系。专横独断的权力传递着这样一种对知识的认识，它一成不变、僵化不前，却又为大家所共识。随着学业的进展，它必然会和人们逐渐深化的世界观产生冲突。

Mugny，Quiamzade和Buchs等学者也指出，专制主义会将一切或好或坏的交流拒之门外。

58 对权力的尊重是职场的通行证吗？

拥护的准则和评价

几年前，差生还被认为是“又懒又笨”的。然而随着时间的流逝，教育所面临的困难使人们的焦点从学生的成绩转移到了学生与教育机构的关系上：所以如今的差生多半被称为“没人管的野孩子”。

学会如何处理与权力的关系在学生就业时显得尤为重要。Fournier（1993）等学者在面对青少年就业难这个现象时，坚信应该指责社会制度、教育机构以及当局者。另一些学者比如Gangloff和Dagot等则建议青少年学会拥护权威，好让学生们意识到，不去质疑权威对于社会而言亦十分重要。应该从孩子们年幼的时候就开始培养他们这种尊重权力的意识。

Auzoult（2004）请120位工匠和商人来评估一些想当学徒的初中生。这些学生中有的成绩较好（在总分20分的情况下，考试分数在13分左右），有的成绩较差（考试成绩在7分左右）；有的尊重权力（不质疑学校和老师），有的不尊重权力（会质疑学校和老师）。

这些从业人员需要评估学生的多项素质，并回答他们是否准备让这些学生参加面试。

我们观察到，从业人员更欣赏那些尊重权力的初中生，并表明与爱质疑的学生相比，他们更愿意接受前者。另一个现象也十分有趣：工匠和商人们最不喜欢的就是那些会质疑权力但是成绩优异的学生。

表6.1　根据成绩与是否拥护权力对初中生进行的评估

类别	拥护权力	质疑权力
成绩好	8.05	4.66
成绩差	6.3	5.32

结论

人们不会原谅那些享受教育还不知感恩的人！这没准是因为这些人最有可能质疑社会的发展模式。

通过查看学生的成绩报告单，我们也一定能观察出同样的结果，因为这个报告单上除了列出学生的成绩之外，还会花费不少笔墨来描述他们的日常表现。由于这个评估报告与广大青少年息息相关，因此就更值得我们关注。根据各行业人员提供的数据，我们可以看到三分之一的学徒合同都是因为学徒和老板之间的不合而中断。Dagot和Castra（2002）等人的研究揭示了，即使是对那些年纪较大的职员来说，拥护权力在他们的职业生涯中也同样十分重要。Gangloff也指出（2000），对权力的尊重在招聘时通常是考察标准的核心。

59 权力能教我们有效消费吗？

权力与消费行为

父母和孩子经常会因买不买某个东西而产生争论。有些人会更喜欢质量好又实用的产品，而另一些人则对其品牌更感兴趣，也会十分关注这个产品是否能给自己的形象带来提升。这种分歧大概是由于某些人掌握着财政大权，所以就能施加权力，而另一些人只是被迫接受罢了。

Ruckey和Galinsky（2009）向实验对象介绍了一项研究，其内容是消费者对广告的反应。

实验对象观看了一支售价100美元的钢笔的广告，广告要么强调拥有这样一支钢笔所代表的地

> 位，要么强调它的性能。
>
> 第一则广告语指出“完美彰显您的地位”，并强调买这支笔能震撼到别人；第二条广告语是“在您需要时，为您提供最优的品质”，文案强调了钢笔的优良质量和持久耐用性。
>
> 接下来，研究人员让实验对象填写调查问卷，并衡量他们买笔的意愿以及他们的权力感。
>
> 研究人员观察到，**实验对象的权力感越高，他们就越愿意为了良好的性能而买笔。权力感越低的实验对象，就越会因为钢笔所代表的地位而消费。**

另一项研究显示，研究人员让真正有权力的人撰写产品广告时——比如一辆汽车——他们会更强调产品的质量和性能（比如“平稳的驾驶体验”）；而当拥有权力较少或没有权力的人设计广告时，他们会更强调产品的地位和形象（比如“这是您的荣耀”）。然而，关注一个产品的形象是一回事，炫耀我们拥有的东西则是另一回事。

> 在另一个实验中，实验对象被邀请扮演领导或职员的角色，完成一则设计广告的任务。
>
> 他们要想象自己已经买了某件名牌衣服，并要在调查问卷里表达自己是否希望别人看到这个

衣服的商标，还要说出希望商标字号是大还是小。我们能够观察到，与有权力并扮演领导的人相比，权力较小的扮演职员的人更希望名牌衣服的商标清晰可见。

■■■ 结论 ■■■

拥有权力使人们在消费时更注重产品的质量和性能，而缺乏权力则使得人们更倾向于为了产品所象征的地位而消费，以达到炫耀的目的。

如此看来，权力确实在我们消费的过程中起到了一定作用。

60 孩子们会根据父母所拥有的权力来行动吗?

权力与家庭表现

对某些孩子来说，生活似乎过早地显露出了艰辛。他们被迫挣扎来为自己赢得一席之地。我们也同样听说过，大人越纵容孩子，孩子就会变得越挑剔。其实这类生活经历也逃不开权力的影响。

Bugental和Martorell（1999）的实验对象是一些6到10岁的孩子。他们的父母先填写了一份调查问卷来描述他们在照料孩子方面的控制感。这类测试的目的是将那些认为孩子比自己权力大的父母（低权力）和那些认为自己权力比孩子大的父母（高权力）区分开来。孩子们自己也参加了一项测试来表现他们的个人权力。

研究人员根据家长的权力大小把孩子们分成几个小组。孩子们需要一起完成一项迷宫任务，也就是走出迷宫，并在纸上用笔画出路线图。

孩子们被分成两人一组，研究人员要么将任务介绍成一个竞赛，要么介绍成一堂学习课。在迷宫任务中，研究人员要么不给任何反馈，要么会根据每个孩子各自成功的次数，通过亮灯的方式来对他们的表现给出反馈。孩子们接到的反馈，要么是两个人的表现一样好，要么是其中一个人的表现更好。活动结束后，他们的举动（言语上的竞争、称赞等）都被录了下来。

我们观察到，家长（父亲和母亲）的权力越小，孩子表现出的竞争行为就越多。另外，母亲的权力越小，孩子们就越少称赞自己。同时，孩子在与另一个孩子相处的过程中越感到缺乏权力，就会表现出越多的竞争行为。

■■■ 结论 ■■■

总的来说，这项实验向我们强调了，那些认为自己权力小或是很少从父母那里接受到权力的孩子，总是期待着由别人来主导，最终他们采取的行动竟让自己成了权力的施加者。

61 权力能帮我们把价值观灌输给孩子吗？

权力与价值观的内化

大部分家长很关注如何将自己的价值观灌输给孩子的问题，哪怕只是简单传递一些社会生活的大概准则。心理学家将这种价值观的传递称为“内化”。人类的共同价值观正是通过这种方式得以代代相继的，它是人类社会延续的保障。

那么如何达到这个目标？在日常生活中以身作则就足以让孩子模仿我们的行为吗？需要先表露对孩子的爱，让氛围更有利于他们产生认同感吗？在这种情况下，权力能起到作用吗？

Grusec（1971）的实验对象是一些7到11岁的孩子，他们被邀请和一位成人一起参加游戏，两人都在实验室中等待。

对于其中一半的孩子，大人会说自己在等待实验开始的这段时间内有工作要做，但是既然屋子里有些玩具，他可以和孩子暂时玩几分钟，他确实也是这么做的；对另一半孩子，大人告诉他自己有工作要做，既然屋子里有玩具，孩子可以自己去玩。

十几分钟后，研究人员来到屋子里，把孩子和大人都带到另一间屋子里，然后他会以两种方式告诉孩子：对其中一半，研究人员会说这个大人是航空公司的代表，他是来挑选一些孩子去参观多伦多机场的（权力大），选择哪个孩子并不取决于孩子们在一会儿要进行的游戏中的表现。大人只会在游戏结束后和孩子单独谈话；对另一半孩子，研究人员告诉他们这个大人是航空公司的代表，他是利用空闲时间来参加研究的（权力小）。大人和孩子接下来会玩一局保龄球，游戏中他们能赢得一些游戏币，然后根据所赢游戏币的数量，他们可以将其兑换成一笔奖金。研究人员会建议他们，可以给贫穷的孩子留一些游戏币，好让他们也能兑换玩具。

在实验中以身作则的大人赢了两个币，并把

其中一个留给了穷孩子。他会大声说话好让孩子听到："一个给穷孩子，一个给我。"然后，孩子在大人离开屋子后自己玩了一局保龄球，并赢得了14个游戏币。研究人员透过监视玻璃能够观察到他留给穷孩子多少个游戏币。这个步骤用来了解孩子是否内化了大人教给他的慷慨。

对于另一半孩子，我们只观察他们在没有受到大人做示范的影响下，能够自愿留给穷孩子多少游戏币。

我们观察到，认为自己被大人选中的孩子，已经受到了他的权力影响，因此留给穷孩子的游戏币比那些认为再也见不到大人的孩子要多。此外，在球局开始前能和大人玩上一会儿、感受到爱的孩子，留给穷孩子的游戏币比自己单独玩的孩子要少。当然，在没有大人当模范的情况下，孩子们几乎一个游戏币也不留给穷孩子。

结论

这项研究表明，**成人以身作则是必要的，但是并不足以让孩子接受成人的生活准则。权力又一次展露了它慑人的力量。**

Kochanska等学者在解释价值观的传递时，也同样强调了某些因素的影响，比如违反规则、孩子与父母之间的感情、家庭关系的性质（父母冲突、虐待）等。

确切来说，若想要权力对价值观的内化产生帮助，有两个条件看来是必要的（Grusec，1999；Grusec和Goodnow，1994；Perry，1994；Hoffman，1994）：一方面是大人们给出的信息要能够被正确地听到，另一方面则需要孩子接受这个信息。当信息明确并被重复多次，并且孩子们也很专心时，这些条件就会得到满足。大人们需要有意地重复这些行为，同时也要保证孩子的自主空间。幽默也可以促进信息的被接受。

Hoffman等作者也同样强调了权力对于价值观内化的作用，但是他们重点提出了质疑：如果孩子们是在大人强迫、禁止（禁止外出或玩玩具）、威胁等条件下才表现良好，那么这样的表现是否算数。这种权力的行为使得孩子并不是依据所学到的价值观，而是根据会受惩罚的风险大小来行动。因此，更合适的做法应该是和孩子讲道理，让他知道自己的所作所为会对别人造成什么后果，哪怕最后这会让他们陷入内疚。

62 面对父母的权力时孩子们如何学习应对？

权力与家庭纪律

父母有时候是很难当的。面对一个无视你、好像在对你说“随你便”的孩子，哪个父母没有体会过漫长的孤独呢？而有时候，情况则完全相反，面对天天争吵却从来不缺借口的孩子，我们最终会大发雷霆。有可能最后，孩子们会用自己的方式来应对我们施加在他们身上的权力。

Power，McGrath，Hugues和Manire（1994）在晚餐或者是哄孩子睡觉的时候上门拜访了42个家庭。他们的要求很简单，让每个家庭成员都按他们喜欢的方式行动，换句话说就是跟平常一样。在家长讲话时，研究人员的出现似乎比平时更促进了孩子对家长的反抗，特别表现在他们匆匆吃饭、匆匆洗漱、匆匆睡觉上……

父母和孩子的行为都会被记录在一张观察表格里，具体包括父母的建议、问题、命令、解释等，以及孩子的接受、拒绝、要挟、讨论等。

我们观察到，父母主要通过命令的方式来让孩子接受自己的建议。母亲比父亲更想控制孩子的行为，随着孩子年龄的增长，这个控制会逐渐减少。这并不令人惊讶，因为我们能观察到父母和孩子之间的权力关系。孩子年龄越大越听话，女孩对父母双方都服从，而男孩则会更听父亲的话。随着年龄的增长，孩子们会用争辩的方式来反抗父母，而三四岁的小孩子们则一般采取挑衅或者是无视父母的态度。这种时候，男孩更无视母亲，女孩更无视父亲。

结论

总的来说，父母和孩子们的表现似乎都会随着时间而改变，他们不断地互相适应。父母学习如何施展权力，而孩子们则以某种方式同样努力地学习如何应对父母的权力。